U0141167

金商道

The positive thinker sees the invisible, feels the intangible, and achieves the impossible.

惟正向思考者，能察於未見，感於無形，達於人所不能。 —— 佚名

基恩斯的高附加價值經營

卓越管理篇

日本新首富
管理世界頂級企業的原則

キーエンス解剖
最強企業のメカニズム

西岡杏
Nishioka Anne

方瑜——譯

目次

第2章

銷售部隊能夠「搶先一步」的理由

第3章

持續超越期待的商品部隊

第4章

貫徹「邏輯推理」的公司文化與規律

第5章 機制的源頭在於「人」

第6章 藉海外市場與新業務領域，邁向下一階段成長

第7章 「基恩斯主義」的傳道者

推薦序
好機制、好文化、好成果

——齊立文／《經理人》總編輯

對於翻開本書的讀者，如果你曾經讀過二〇二三年出版的《基恩斯的高附加價值經營：日本新首富打造世界頂級企業的原則》，恭喜你，由於你應該還算熟悉由「學者」（日本經濟學者延岡健太郎）提出的理論架構，以及對於商業模式的拆解，在閱讀這本由「記者」撰寫的新書時，會覺得多了很多利害關係人（stakeholoder，包括前員工、現職員工、客戶、競爭對手在內）的「證言」和故事，對於基恩斯（Keyence）這家公司的強大，有更生動、具體的認識。

如果你之前對基恩斯相對陌生，那麼本書無疑是很好的入門書，讓我們深入了解成立於一九七四年，「被譽為工廠自動化（Factory Automation, FA）專用感測器（sensor）霸主」的基恩斯，如何打造出從市值、營收、毛利、股價到員工薪資，乃至於創辦人瀧崎武光的資產……等關鍵指標，都在日本名列前茅的「超厲害企業」。

超級實用的超業養成術

很多公司應該都有過這樣的討論（或爭論）：業績低迷時，究竟是產品不夠強，還是業務不會賣？閱讀本書的過程中，我心裡不斷萌生一個感受：在基恩斯，這種無論是明著來或暗著去的指責遊戲，或許比較不會發生。

首先，關於產品強不強。根據書中描述，「基恩斯的商品種類超過一萬種以上，從數千日圓到數萬日圓不等的工廠用感測器，到價值一千五百萬日圓的顯微鏡等高價商品，種類十分廣泛」。

而作者在詢問基恩斯商品開發最高負責人山口昭司，公司近期是否有暢銷商品時，對方的回答是：「暢銷商品？我們全部的商品都是啊。」而且，在這上萬個產品中，約七成「獨步全球」或「業界首創」；商品毛利率約八成。

其次，關於業務會不會賣？我對作者在本書開頭提到的一個小故事，印象深刻。某公司的「雷射雕刻機」故障，理所當然立即聯繫了原本的製造商，前來維修或送來新品。沒想到，客戶卻馬上接到基恩斯的業務來電，「請問您打算購買雷射雕刻機嗎？」速度快到連客戶都覺得，難道你已經知道自家公司的機器，什麼時候會發生故障嗎？數日後，基恩斯的業務員到訪，快速安裝、演示商品，客戶當即下單。

你可能想問，原本製造商的業務員呢？對方當然有回電，只是時間點是在客戶已經購買基恩斯的雷射雕刻機之後。為什麼基恩斯的業務那麼神（出鬼沒）？其實這只是該公司同仁的標準動作，去拜訪客戶時，多問一句，「是否還有其他人遇上麻煩？」

定標準不難，漂亮話誰都會說，差別只在於，員工能否如實地做到。雖然基恩斯並未公開業務人員總數，但某位前員工稱，「占整體員工近一半」。以截至二〇二四年三月，基恩斯集團員工總人數為一萬兩千兩百八十六人（總公司為三千零四十二人）計算，等於是基恩斯有數千名這樣「兵貴神速」的超業，「涵蓋日本全國，並深入客戶企業」。

超值得參考的企業文化建立指南

可別以為基恩斯如今是高收益、高薪酬企業，自然能招募到一批高動能員工。基恩斯深信，好員工是教出來的。

如書中所述，早在一九八〇年代中期，公司成立約十年，公司的業務部長就曾經這樣斥責過一名因為業績好，而趾高氣揚的員工：「你認為自己好就好，對吧。這裡不需要超級明星。若是你這樣想，最好還是辭職吧。Lead電機是憑藉大家的力量、團隊的力量獲勝的！」

所謂團隊的力量，借用基恩斯員工的形容，比起能轟出全壘打的巨砲打者，公司更希望，在每次上場的九名打者陣容裡，每個人都擁有平均而穩定的打擊率或上壘率。

這樣的員工要怎麼教？你一定很想知道。而且教出來的成果是，「基恩斯的業務任職第三年就會成為『超一流』。不擅此道的其他公司要達到相同水準，大概要花上八到十年」。

根據作者訪談所歸納出來的方法，大致包括：掌握產品知識、演練向客戶簡報的技巧、洞察客戶需求背後的需求、無私的知識管理和分享，還有讓客戶會交代同事「如果基恩斯打電話來，就說我在開會」的過度熱情……。而這一切，除了主管要帶頭示範之外，組織也要設置明確的關鍵績效指標（KPI），以及獎勵和稽核機制。

特別要強調，「稽核，是真的查核」。不只是業務主管有時會在部屬拜訪客戶後，再次去電，詢問是否有服務未盡周全之處，公司內部是真的有像「風紀股長」或政風單位般的稽核，詢問員工在外出報告書上的資訊是否屬實，像是你說你在幾點幾分拜訪某個客戶，真的去了嗎？從ＥＴＣ（高速公路自動收費系統）或手機基地台的訊號判斷，位置好像不一致之類的。謊報資訊是要受罰的。說實話，在本書裡，我對於基恩斯的很多管理機制，都感到嘖嘖稱奇，感嘆公司要是真的能管到這麼細，做到這麼細，實在沒道理不成功。或者就像書裡一開頭所說的，這家公司沒道理培養不出人才。

舉例來說，業務人員每天要打三十到八十通電話，還要經常與主管兩人一組，做角色扮演，強化向客戶的提案簡報技巧；出門一趟沒約滿五個以上客戶，不被鼓勵外出；拜訪客戶後要寫外出報告書，細到以分鐘為單位，而且還要寫見了誰、談了什麼、談了多久，這些資訊不但都要詳實填寫、透明分享，更會成為商品研發或客戶需求探查的重要情報。

而有完整的數據和資料，才能運用科技或ＡＩ做分析，進而產生洞察，推動數位轉型……這些都得源自於組織內部有正確的資訊，看看基恩斯走得多早、又走得多遠。

另外，基恩斯的商品開發能力，不但能做到全產品都是暢銷品，當業務完成銷售後，公司的後勤更能做到「所有商品當天出貨」「所有商品均有庫存」的綿密管理。

不過，這種「這家公司真不可思議」的感覺，一定不能只是條列出基恩斯的成功祕訣如下：當天出貨、庫存完備、充分演練、發掘連客戶自己都還不知道的需求、內部稽核、與員工共享利潤……。因為你一定會說，這誰不知道。

因此，我們要看一家公司的「全體員工都做了什麼」，而不是一家公司的「創立宗旨說了什麼」。而要讓所有員工全都「理所當然地做著理所當然的事」，除了要有機制之外，更要有推動機制的文化。

我以前讀不太懂「文化會把策略當早餐吃」（Culture Easts Strategy For Breakfast）這句話，慢慢可以體會，那就是任憑公司制定出再周延、高明的策略（相信也可以替換成制度），只要公司文化沒有相配套，大概很快就被組織裡的人有聽沒有懂、有懂沒在做的氛圍給吞噬掉了。

有了好機制，還要有足以驅動人、能夠取信於人，並且始終說到做到、言行一致的好文化，就能形成一個機制推動人，人打造出好成果的高績效組織。

推薦序

透視基恩斯，解碼高附加價值經營的密碼

——劉奕酉／鉑澈行銷顧問策略長

初見「基恩斯」這個名字，或許多數人會感到陌生。

但若提到這家公司所創造的驚人成績：日本第四大市值、製造業中令人咋舌的獲利率、員工平均年薪超過兩千萬日圓，任誰都會為之側目，好奇這家低調的企業究竟有何獨到之處？竟能在競爭激烈的商業市場中開創出如此耀眼的成績。

拜讀西岡杏小姐的這本新作，彷彿獲得了一把解碼基恩斯成功密碼的鑰匙。作者透過大量詳實的案例和數據，深入淺出地剖析了基恩斯獨特的經營哲學、管理制度和企業文化，揭示了其高附加價值經營模式背後的成功祕訣。

基恩斯的成功並非偶然，而是源於其始終堅持以客戶需求為導向，並貫徹到企業經營。

書中讓我印象最深刻的，莫過於基恩斯「不製造客戶想要的東西」這一理念。不

同於許多企業追求技術領先或規格制定，基恩斯更重視挖掘客戶的潛在需求，甚至創造出客戶沒有意識到的需求背後的需求。書中以「需求卡」制度為例，說明基恩斯如何將客戶的點滴需求記錄下來，並轉化為產品企畫的方向，最終打造出真正能為客戶創造價值的產品。

基恩斯成功的另一個關鍵因素，則在於其獨特的制度化管理模式。書中以大量篇幅介紹了基恩斯如何透過各種機制和制度，例如角色扮演、外報、SFA系統、ID制度等，來提升員工的銷售技巧、促進資訊共用、並打造高效團隊。這些制度設計看似嚴苛卻環環相扣，讓每位員工都能在明確的目標和標準下，發揮最大潛能，為公司創造價值。

而基恩斯之所以能夠持續成功，更離不開其積極向上、追求效率的企業文化。書中提到的「時間要價」觀念，以及「積極對話」文化，都讓我印象深遠。基恩斯鼓勵員工珍惜時間、勇於發問、積極溝通，並將這些行為與公司的績效獎金制度掛鉤，讓每位員工都能在追求個人成長的同時，也為公司創造更大的價值。

閱讀這本書，讓我聯想到自身在擔任企業經營顧問中遇到的種種挑戰。基恩斯成功的經驗，為我們提供了許多值得借鑑的思路和方法。像是：

- 如何更有效地收集和分析客戶需求，並將其轉化為產品企畫？
- 如何建立一套科學合理的制度化管理模式，激勵員工發揮最大潛能？
- 如何打造積極向上、追求效率的企業文化，讓每位員工都能與公司共同成長？

我相信，任何一家企業，無論規模大小、產業別，若能學習和借鑒基恩斯的成功經驗，並結合自身實際情況進行調整和應用，就能在激烈的市場競爭中脫穎而出，創造出屬於自己的輝煌。

推薦給每一位渴望成功的企業家和職場人士。相信透過閱讀本書，你也能從基恩斯的成功經驗中獲得啟發，找到屬於自己的高附加價值的經營之道。

前言

「那家公司完全不接受採訪啊～」我剛進日本經濟新聞社，最初幾年在大阪任職。從上述前輩記者們經常大吐苦水的內容得知的是，基恩斯（Keyence）公司。

在求職過程中，我的資訊天線若再靈敏些，情況或許會有所不同。這家公司的平均薪資非常高，營業利益率表現特別傑出，市價總值可排進日本前五名……。直到很久以後，我才清楚認識到基恩斯是日本屈指可數的高收益企業。「總之，這是一家蒙著神祕面紗，不接受採訪的公司。」這是我對它的第一印象。

之後經過一段時間，我再次重新想起基恩斯的契機，是因為要製作、採訪「無前景黑色企業」主題。「無前景黑色企業」是新創詞彙，意指受到近年工作方式改革的影響，企業無法回應員工幹勁，導致追求工作價值的年輕員工態度鬆懈、不夠積極。持續進行相關採訪時，我不禁聯想基恩斯可視為無前景黑色企業的極端對照組，不知他們的員工工作狀況又是如何？

基恩斯的員工「總之都是工作狂」。他們激烈的工作型態甚至被形容為「三十歲買房，四十歲買陰宅」。我透過關係，徵詢了某位基恩斯前員工的意見。

> 那家公司建立的機制與貫徹機制的組織文化很厲害，也非常確實地指導新進員工，沒道理培養不出人才。

我確實對這段話頗感興趣，能夠讓人斬釘截鐵地斷言「沒道理培養不出人才」的企業，在日本究竟有多少呢？公司的機制又是什麼？貫徹機制的文化如何產生？總之無論如何，我都想追蹤基恩斯。出於這樣的好奇心，我著手深入採訪基恩斯。

我當然試著跟基恩斯接觸，也嘗試聯繫了它的前員工、供應商、企業客戶等所有不同種類的關係人。訪談成果之一便是二〇二二年二月刊載在《Nikkei Business》的專題報導，探討基恩斯人才培育的文章引起了熱烈迴響。上一次報導基恩斯專題的時間點是二〇〇三年，此次報導相隔將近二十年。

又經過了半年多，我仍持續採訪基恩斯的相關人士。理由之一是來自四面八方、不絕於途的讀者期待：「希望你們再多寫一點關於基恩斯的報導。」而更為重要的理由則是，我認為「若以基恩斯為模範，日本企業應該更能成長吧」。

基恩斯不仰賴個人才能，而是打造能夠讓人才成長、拿出工作成果的機制，並在機制中讓員工徹底發揮，這一組織強項實現了獨一無二的高獲利。若能仿效此點，其他公司也應該可以大幅提升利潤吧，這是我的想法。

這麼一想，我或許因某個專題、跟某位基恩斯的公關人員協商採訪以來，就一腳踏進「基恩斯世界」了。

首先，我驚訝於對方詢問採訪目的與提問訪綱時的縝密程度。他們提出的問題非常細微，例如：「您提問第三個問題的目的是什麼？」「您預計在何時，提出到何種程度的基本架構？」「採訪這位負責員工時，可以拍到這樣的照片，但要拍到那種照片似乎有點困難。沒問題嗎？」等。恐怕掛上電話時，公關人員的腦海中已經可以描繪出訪問的整體藍圖了吧。

基恩斯員工盡全力為最終報導內容的成果，付出巨大精神與毅力的程度，我前所未見。只要我有一個問題說不通，便得不到基恩斯的認可。若我無法給出適當的說明，得來不易的採訪就有可能付諸流水，我甚至還記得那時留下的恐懼感。

自從當記者以來，我便被教導「如果沒有明確目的就到現場進行採訪，無法做出全面性的報導」，我一直抱持著這種看法。然而，在被基恩斯反覆不斷提問的過程中，我感覺重新自我鍛鍊了。

在來來回回的採訪交涉中，我逐漸清楚看見這就是基恩斯的文化：目的清楚明確；掌握對方的布局（後勤物流）；為達目的竭盡全力……。

「與基恩斯的人一起工作，我感覺我們的程度也提升了。」聽到基恩斯客戶眼睛閃耀著光芒這麼說時，我完全能夠同感。

確實如此。基恩斯並非以「等待」的姿態，而是不斷提出對未來的各種假設，持續陪跑客戶，運轉客戶的工作循環。將客戶的潛在需求具體化，提高客戶的工作速度和品質。以上皆出自於採訪基恩斯員工的內容。

等我回過神來，才注意到直到專題報導截稿日期前，相關工作的進度都較平常以更有餘裕的狀態在進行。無論是何種工作，若在時間上留有餘暇，品質都能提升。而且，工作起來也會比平常更有趣。

「日本經濟衰退」一說由來已久。根據國際貨幣基金（IMF）的資料顯示，二〇二三年日本名目國內生產毛額（GDP）為四兆兩千三百零八億美元，全球排名下跌至第四位，次於美國、中國、德國。依據日本內閣府二〇二三年十二月公布的調查結果顯示，代表國家豐足程度指標的人均名目GDP，二〇二二年為三萬四千零四十六美元，不僅成為七大工業國組織（G7）最後一名，在經濟合作暨發展組織（OECD）的三十八個成員國中，排名第二十一名，在OECD的排名創下歷史新低紀錄。而日本經濟研究中心（JCER，東京、千代田）二〇二三年十二月的預測，則顯示日本的人均名目GDP將在二〇三一年被韓國，二〇三三年被台灣超越。

「搞不好日本經濟已經無法再成長了。」在日本，這樣的覺悟看來正在蔓延，不過可斷然否定上述看法的便是基恩斯。它無視於其他苦於無法成長的企業，在這十年之間銷貨收入與營業利益均成長了四倍左右。

本書完全重新編寫，並在原本刊載於《Nikkei Business》的專題報導上，新增了大量內容。這並非是所謂「官方說法」之書。「除非符合目的，否則不會特別發聲」是徹底貫徹理性主義的基恩斯本色。本書有些主題順利獲得採訪機會，但也有主題無法如願以償獲得採訪。我持續與基恩斯的關係人見面，不拘泥於官方、非官方、公司內部、公司外部等各種管道，聽取他們的意見。

書寫本書的目的在於，從銷售和開發等部門和公司文化與歷史的角度，來「剖析」從採訪中看見的基恩斯模樣。透過本書逼近隱藏在神祕面紗後的基恩斯世界，期待日本企業多少能夠像基恩斯般，將員工薪酬與利潤視為「理所當然」。

打開本書，一同看看部分的基恩斯世界吧。

西岡杏

序章
積極對話的化石

在東海道、山陽新幹線的新大阪站下車，往南徒步約十分鐘左右。在日本鐵道公司（Japan Railways, JR）京都線與阪急京都線交會處附近，可以看見矗立著一棟有別於周圍建築物、設計奇特的大樓。這便是被譽為工廠自動化專用感測器霸主的基恩斯總部。

總部大樓竣工於一九九四年，有二十一層樓，樓高為一百一十三公尺。由於周圍少有高樓層建築物，從淀川的河堤也清晰可見這座醒目的地標。

高樓層棟由四支梁柱支撐著玻璃帷幕，看來宛如漂浮於空中，結構特殊。四支梁柱包挾著低樓層棟，覆蓋著給人厚重印象的灰色石材。建築物採用了結合直線與曲線的複雜設計，向周遭散發出強烈的存在感。

設計的主題概念是「鶴」。「鶴壽千年，龜壽萬年」，將期待基業千年長青的願

位於大阪市東淀川區的基恩斯總部大樓（攝影：行友重治）

望巧思，體現在大樓上。以梁柱支撐樓地板的建築物結構，無疑會讓人聯想到凜然莊嚴的鶴立之姿。

樓高二十一層的設計由來，是代表「向二十一世紀出發」之意。建築物宛如漂浮於空中的構造設計，是為了增加植栽面積。這些設計都在在傳達了基恩斯企圖持續成為重要企業的決心。

一踏入公司總部，我便注意到各處都擺放了在一般辦公室難得一見的物品：「化石」。員工和訪客見面使用的低樓層和主要由經營團隊使用的最上層會議室等，都安放了鸚鵡螺、螃蟹、恐龍蛋等各式各樣的化石；而且不是複製品，全都是真品。不僅有在日本發現的化石，也放置了來自於中國與義大利的化石。

為什麼基恩斯在辦公室裡放化石呢？「基恩斯不會成為化石。」這是基恩斯創辦人、現任公司名譽董事瀧崎武光所傳達的訊息：「基恩斯絕對不會陷入變成石頭、姿態永遠不變的狀況。基恩斯始終都在變化，持續進化。」

基恩斯的最高經營理念是「讓公司長存永續」，如同以代表「千年」之意的鶴作為總部大樓外觀設計的概念般，基恩斯企圖成為永續企業的決心也持續反映在建築物的內部。

瀧崎的想法迄今出色地落實在整體組織中。瀧崎於一九七二年創立的Lead電機公司，在一九八六年將原是商品品牌名稱的「基恩斯」改為公司名。目前是日本具代表性的高收益企業，並且實踐了基恩斯另一個經營理念：「以最少的資本與人力，創造最大的附加價值。」員工的高平均年收享譽日本國內外。此種經營方式在股票市場裡也得到高度考評，公司市價總值爬升至日本第四位（以二〇二四年九月十二日收盤價計算，市值約為十五兆七千六百五十九億日圓）。

基恩斯具備「直接銷售」「當天出貨」與「組織扁平」等特徵。如同在總部大樓二十一樓，接受《Nikkei Business》總編輯採訪的中田有社長所述，「這並非一朝一夕就能夠模仿的」，基恩斯的機制與組織文化是長年日積月累而成。

基恩斯是如何變成基恩斯的？具體而言，其機制與文化到底為何？讓我們進一步了解基恩斯的真實樣貌吧。

第 1 章

讓客戶吃驚的公司

為什麼基恩斯知道？因為有神出鬼沒的業務人員

二〇二一年冬天，在工具機零件製造公司「A-one 精密」的山梨工廠裡，「雷射雕刻機」故障了。這是以雷射光照射金屬或樹脂等材料，就能刻印上號碼或條碼的機器。

A-one 精密是日本國內最大的「筒夾夾頭」（collet chuck）零件製造商，市占率高達六成。筒夾夾頭配置在「旋盤」工具機中，具有固定加工物或工具的功能。由於筒夾夾頭的規格取決於搭載的旋盤或加工物，以及每種工具的類型與尺寸，因此 A-one 精密的製造生產屬於極端的「少量多種」模式。為了區分筒夾夾頭的不同規格，使用雷射雕刻機進行標記是不可或缺的工項。

「和過去一樣，我們買松下電器製造的雷射雕刻機吧。」A-one 精密的執行董事室田武師考慮到與既有生產線的相容性，原本打算選擇相同製造商的商品。

但是，意想不到的人物卻向室田搭話了，原來是基恩斯的業務人員，他問：「請問您打算購買雷射雕刻機嗎？」對方剛好在彷彿已知公司機器會發生故障的時間點提問，室田難掩驚訝。

「是否還有其他人遇上麻煩？」

看穿這一切非常簡單。原來是這位業務人員在拜訪室田之前，才剛剛結束了在A-one精密其他部門銷售雷射雕刻機的工作。在離開前，他出於習慣問了這個問題：「是否還有其他人遇上麻煩？」這個問題的答案把他引向、移步前往隔壁大樓。

接著，基恩斯業務人員動作非常迅速。數日之後，該名業務人員再度來訪。獨自一人花了一分鐘左右完成雷射雕刻機的前置工作，並在室田面前進行了商品演示。業務人員以訓練有素的口吻介紹商品功能，也毫無猶豫地回答了提問。室田了解情況後，當場便決定購買。

在機械發生故障後，A-one精密立即聯絡了松下電器並表達購買意願。但是，松下電器的業務人員致電的時間點，卻是在A-one精密已購買基恩斯的雷射雕刻機之後。

訓練有方的業務人員永遠都在尋找需求，看到機會便以電光火石之速一決勝負。

圖表 1-1 基恩斯的業績變化：銷貨收入與營業利益同時成長

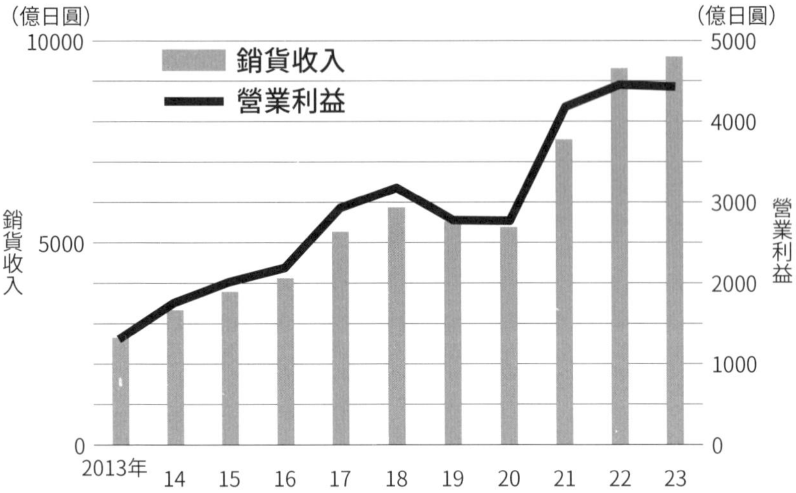

在A-one精密的山梨工廠接到的訂單絕非偶然。基恩斯的業績成果清楚表明，這樣的市場爭奪戰正在世界各地上演。

二〇二三年度 **1** 的銷貨收入為公司史上最高的九千六百七十三億日圓，較十年前的數字擴張了將近四倍。營業利益也是史上次高紀錄，以製造商而言，相對於銷貨收入的營業利益率高達驚人的五一・二％。雖然受到新冠肺炎疫情影響限縮投資，而暫時緩下發展的腳步，但基恩斯幾乎是以接近恆定的速度持續增長。而且是在同時維持高獲利能力，即營業利益率保持在五〇％的情況下。

就製造、銷售的商品而言，基恩斯是一家極為低調、不起眼的公司。自一九七四年創立以來，主力商品皆是以感測器為中心的商用電子設備。這些設備在製造現場用於檢測異常狀況或提升生產率。隨著工廠自動化的發展，擴張了事業版圖，也提升了讀取條碼的手持式條碼讀取器（handy terminal）與機器人視覺系統（與機器人搭配，用於檢查的攝影視覺系統）的重要性。然而，除非是經常出入工廠、倉庫或研究機構的人，其他人應該幾乎沒機會親眼看到基恩斯的商品。

基恩斯的商品並不以高規格為號召，許多都是將意想不到的品項組合在一起，以創新概念為特徵。例如，在自動化生產設備中，擔任控制角色的可程式邏輯控制器（Programmable Logic Controller, PLC）。二〇一九年，基恩斯成為第一家為ＰＬＣ配備行車紀錄器（drive recorder）功能的公司。這項商品就像可以確認交通事故發生時的狀況，能毫無遺漏地記錄配備ＰＬＣ設備的運作實績與攝影機影像，以便事後查看。

這項有助於能詳細分析設備發生意外問題的新功能，擄獲了中小型製造商的心，成為暢銷商品。現在像三菱電機等競爭對手的ＰＬＣ也添加了行車紀錄器功能。

1 編按：日本會計年度多以三月為分界，例如日文二〇二四年三月期是指二〇二三年四月～二〇二四年三月的財報數字，在本書直接二〇二三年度表示，全書按此原則處理。

儘管發明商品的原理並不困難，但基恩斯率先提出商品創意的情況並不罕見。生產超過一萬種商品的基恩斯，誇下海口稱自己的新商品約七成是「獨步全球」或「業界首創」。

功能獨特的商品能以高價售出是理所當然的。基恩斯商品的毛利率約為八成。這樣算下來，成本兩千日圓的商品，會以一萬日圓銷售。

「壓倒性的高速」

向客戶提供創新商品，並讓對方感受到價值的驅動力是「直接銷售」，這也可說是基恩斯的同義詞。相對於三菱電機與歐姆龍（Omron）等工廠自動化設備的競爭對手，主要透過代理商進行間接銷售；基恩斯則是由員工擔任業務人員，直接上門拜訪企業客戶。前述的 A-one 精密的主管曾苦笑道：「因為來訪頻率未免太高，我甚至向業務人員說過『希望在我聯絡你之前，先不要來』。」

根據三菱ＵＦＪ摩根士丹利證券（Mitsubishi UFJ Morgan Stanley Securities）資深分析師小宮知希的估算，基恩斯員工的人均銷售額為八千七百一十萬日圓（二〇二一年度）。[2]儘管沒有代理商提供服務可能處於較為不利的位置，但跟歐姆龍工廠控制設備事業業務的人均銷售額四千四百八十二萬日圓相比，基恩斯高約兩倍，可見其效率之高。

於二〇一九年秋天，導入基恩斯商品的久保田株式會社[3]，則是驚訝於商務會談的進展速度。當時他們正在評估，是否要導入用於農業機械、建築機械引擎製造工程的機器人視覺系統，並委託數家公司提供報價。

部分中間隔著代理商的製造商回覆需要一週時間，但基恩斯是當日回覆。隔天甚至提案可在大阪市內的實驗室，讓對方進行商品試用。久保田株式會社的生產技術統籌部第一課課長竹野洋山，對於基恩斯「壓倒性的高速」，嘖嘖稱奇。

位於兵庫縣寶塚市、生產電子機械的Nissin董事則透露，「他從網站下載商品目錄一個小時後，基恩斯就突然打電話過來了」。基恩斯絕不採取「等待」的守勢，一旦

[2] 編按：二〇二三年五月二日的日經科技新聞顯示，根據二〇二二年財報數字，基恩斯相關的從業人數到二〇二三年三月為止是一萬五百八十人，人均銷售額為八千七百萬日圓。

[3] 譯註：東證上市公司，世界排名第三的農業機械製造商。

發現客戶感興趣的徵兆便會立刻接觸，並將客戶捲進基恩斯的步調中。

位於千葉縣的焊接加工公司的業務負責人，也是對基恩斯業務人員感到驚訝的另一人。某天基恩斯業務人員突然聯絡他，對方說「你們工廠設備好像沒在動了」。確實，當時設備剛剛停止運轉，但基恩斯是怎麼知道的？

其實，促使基恩斯跑這一趟的另有其人，是位於石川縣小松市的機器人系統開發公司「Mechatro Associates 株式會社」的社長酒井良明。該公司使用基恩斯商品，為前述的焊接加工公司打造與建構設備。焊接加工公司由於地處較為偏遠，有時可能無法應付突如其來的設備故障，基恩斯當然不會錯過這樣的機會。

千葉縣的基恩斯業務負責人，一接到與酒井社長相熟的金澤銷售辦事處負責人的聯絡：「你能不能幫我去看看？」之後，就立即趕赴現場。

若隔著代理商，有時工作協調可能就耗時數天，事情能進展得如此順利，實屬罕見。酒井社長的臉上帶著笑容，表示：「基恩斯的業務會陪同我們一起到客戶的現場進行銷售，並提供維修服務。基恩斯雖說是我們的供應商，但更像一起工作的夥伴。」

當然，基恩斯的業務負責人在修復焊接加工公司的設備故障之後，也不忘一問：「您還有其他覺得麻煩的問題嗎？」

先於客戶察覺他們的需求，甚至掌握人事異動資訊

在頂級玻璃商品製造商艾杰旭顯示玻璃公司（AGC）的「AGC橫濱技術中心」裡，一位負責生產技術的男性員工，時而被基恩斯業務人員的一句話：「○○，你最近在哪裡高就？」弄得心驚膽跳。

若無其事詢問人事異動或投資計畫，會被競爭對手滿懷忌妒地形容為「類似產業間諜」的行為。雖然基恩斯詢問的方式彬彬有禮，但背後意圖卻十分明顯，就是希望能掌握客戶參與購買與投資決策的關鍵人物動向。

若能與基恩斯其他員工分享關鍵人員人事異動目的地資訊的話，下一個商品的銷售將變得更容易，即使異動到海外也相同。就算共享資訊不會直接連動到業務人員自身的銷售業績，但如果公司整體接下更多訂單，也會反映在個人獎金上。

圖表 1-2 基恩斯事業架構的重點：掌握客戶需求，創造價值

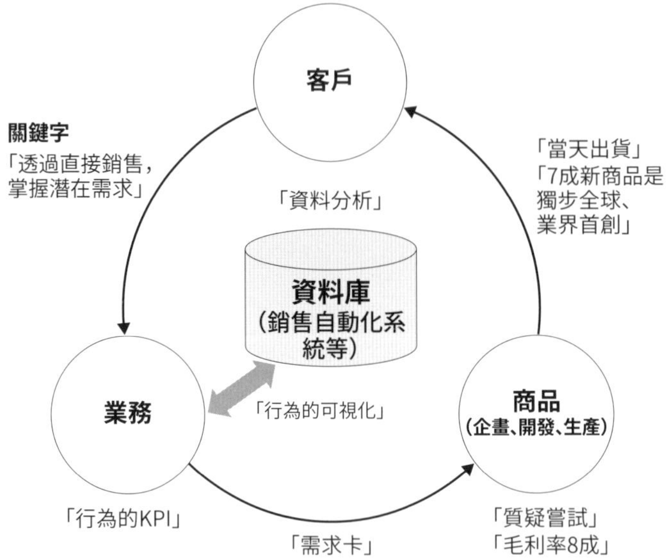

基恩斯各個事業部的業務都會時刻關注像AGC此種規模的大企業，並以電話或電子郵件保持聯絡。不知不覺間，基恩斯與約半數在橫濱技術中心負責生產技術、規模高達數百名的員工，都維持著某種交集。

由於基恩斯員工對AGC的內部資訊的熟悉度很高，AGC的技術人員不可思議地表示：「難道基恩斯內部有系統共享AGC的資訊嗎？」

AGC的猜想是對的。在基恩斯將資訊可視化並與同事共

享是理所當然的。當然這些資訊是獲得客戶認可，像業務人員何時與誰見面、談了什麼。基恩斯的業務不僅跟上司分享，也會讓與服務相同客戶的其他業務同事知道。因此，客戶不會落在基恩斯的資訊網絡之外。

AGC的窗口提到，「基恩斯業務人員的商品知識非常豐富，甚至會在現場親切細心地說明競品的使用方式，我們自然而然地就會尋求他們的意見」。讓客戶甚至連「依賴感」都產生的基恩斯，正在逐漸擴張自己的勢力版圖。

超乎想像的提案

製造「Ghana」等巧克力的樂天浦和工廠位於埼玉市。負責生產技術的相關人員在二〇一八年，決定導入由基恩斯製造的影像感測器。樂天員工光看銷售人員帶到工廠的演示機，就能看出機器設定是多麼容易操作，還表示：「這麼簡單嗎？第一次使用就可以上手耶！」

在此之前，樂天人員一直對檢查工序的良率不佳感到擔憂。雖然已經使用了判斷巧克力是否「破裂」或「缺陷」的機械裝置，但因準確度不足，甚至連沒問題的商品也會被淘汰。

此時應聲而來的，是每個月都會造訪工廠的基恩斯業務人員。樂天的對口對基恩斯業務的工作態度有好感，表示「當我向對方尋求建議時，他們樂於回應，而且他們身上有一種積極的速度感，好像下週就能帶著具體方案而來」。而基恩斯實際上提出的方案，超乎樂天想像。

若專門為了解決檢驗良率不佳的問題，比較便宜行事的做法應該是更換為檢驗準確度更高的設備。然而，基恩斯業務提出的解決方案，不僅能提高準確度，同時更強調方便使用。

在許多製造業現場，作業人員無法熟練地操作複雜的裝置，身懷珍寶卻派不上用場，「難以調整的機械終將令人敬而遠之」。基恩斯的業務似乎對於這種實際情況十分理解：「這不僅是少部分專家的想法，而是集結了與生產線息息相關的眾人智慧，希望藉此來提高檢驗良率。」基恩斯之所以能夠成功推銷自家商品，是因為能夠領先於樂天客戶，具體化對方所抱持的需求，並將解決方案呈現在他們眼前。

提早一步探究問題的本質並提出解決之道，便能夠創造並提供重大價值。對基恩斯而言，甚至連客戶都尚未意識到的潛在需求正是一座寶庫。正如蘋果的創辦人史蒂

圖表 1-3 搞懂基恩斯，代表基恩斯的四個數字

市價總值

15兆7659億

第1名	豐田汽車	39兆3058億日圓
第2名	三菱UFJ	17兆9143億日圓
第3名	索尼集團	16兆6066億日圓
第4名	基恩斯	15兆7659億日圓
第5名	日立	15兆7689億日圓
第6名	瑞可利	14兆3932億日圓
第7名	迅銷	14兆749億日圓
第8名	日本電信電話	13兆4195億日圓
第9名	軟體銀行集團	12兆4405億日圓
第10名	三菱商事	11兆8642億日圓

註：2024年9月12日收盤價

員工平均年收入

2067萬日圓

三菱商事	野村控股公司
2,090萬日圓	1,272萬日圓
軟體銀行集團	東京威力科創
1,360萬日圓	1,398萬日圓
索尼集團	豐田汽車
1,101萬日圓	895萬日圓

註：2023年度有價證券報告書中所登載之員工平均年收入

對銷貨收入營業利益率

55.4%

歐姆龍	發那科	製造業平均
11.7%	25.0%	5.2%

註：2021年會計年度數字。製造業平均為2021年年度數字，出處是法人企業統計調查。另補充2023年會計年度數字，基恩斯、歐姆龍、發那科分別為：51.2%、4.2%、17.8%

自有資本比率

93.5%

歐姆龍	發那科	製造業平均
45.7%	86.1%	49.4%

註：2021年會計年度數字。製造業平均為2021年年度數字，出處是法人企業調查統計。另補充2023年會計年度數字，基恩斯、歐姆龍、發那科分別為：94.7%、46.9%、88.6%

夫・賈伯斯（Steve Jobs）所一語道破的，「人們根本就不知道自己需要什麼商品，直到你展示給他們看」（People don't know what they want until you show it to them.）。

電子零件的一方之霸，村田製作所的社長中島規巨也向業務夥伴基恩斯的實力致敬：「這家公司的附加價值，當然是人。他們具有令人讚嘆的提案能力。我們的設備開發人員也很欣賞他們。」

「機制」與「組織風土文化」

基恩斯排名日本第四名的市價總值，以製造業而言令人驚訝的獲利率，再加上上市企業中數一數二的高薪。就一家日本公司而言，基恩斯的各項數據表現都非常突出。

為什麼基恩斯能拿出那麼亮眼的成績呢？若要簡單回答這個問題，應該如基恩斯前員工表示，「那家公司建立的機制與貫徹機制的組織文化，很厲害」。基恩斯完備建立起某種機制，能夠在不仰賴個人意願或能力的狀況下，提供客戶最大化的價值，員工配合該機制貫徹正確的行動。這便是基恩斯創造優勢的根源，也是他們培養人力的精髓。接下來，我們從第二章開始，仔細觀察針對商品銷售和開發的巧妙機制，以及公司整體的組織文化。

瀧崎的第三次創業

基恩斯的歷史

1972年	瀧崎在兵庫縣伊丹市創立Lead電機（即基恩斯前身）。他自外商控制設備製造公司離職後，嘗試創業兩次均以失敗告終。第三次終於一擊中的
1974	向豐田汽車提案防範板金多片疊送的感測器，後全面引進豐田汽車的所有工廠，因此擴張事業版圖。在兵庫縣尼崎市以Lead電機為名成立公司
1979	開設東京銷售辦事處
1981	總部遷往大阪府吹田市
1985	在美國成立子公司 以原商品品牌名稱「KEYENCE」為美國子公司命名
1986	為了統一品牌與公司名稱，也將公司名稱改為基恩斯
1987	在公司成立13年之後，於大阪證券交易所2部上市
1990	於東京證券交易所、大阪證券交易所1部上市
1994	位於大阪市的新總部、研究所竣工，搬遷總公司
2000	佐佐木道夫接任第2任社長，瀧崎成為有經營管理權的董事長
2001	在中國成立子公司
2009	與佳思騰進行資本業務聯盟，佳思騰成為基恩斯以權益法考評之轉投資公司*
2010	山本晃則接任第3任社長
2019年	中田有接任第4任社長

註：本表根據基恩斯公司簡介資料、岡三證券之資料所編製
*譯註：即基恩斯之股權投資對於佳思騰具有控制能力或重大影響力

基恩斯的前身 Lead 電子成立於 1974 年，2024 年正好喜迎 50 週年，在大型製造商中算是相對年輕的企業。創辦人瀧崎 1964 年自尼崎工業高中畢業後，進入控制機器製造的外商公司。瀧崎在 1970 年獨立創業，成立電子設備製造廠與組裝分包廠，但都失敗告終。公司於 1986 年變更為現名，基恩斯（Keyence）的命名源自於「Key of Science」。

日本國內與海外市場均成長

基恩斯之地區別銷貨收入變化

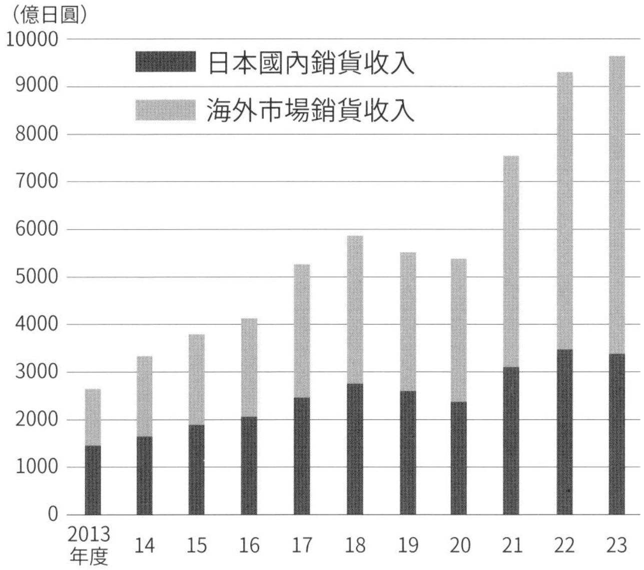

過去 10 年，基恩斯的銷貨收入增加近 4 倍。此公司的成長主要集中在海外市場，但日本國內銷售額也持續穩定發展。在日本，基恩斯透過開發和銷售新商品，來擴大商品範圍和客戶群。海外的成長動力則源於擴點與客戶群的擴張。

2023 年會計年度之海外銷貨收入，占整體 64.3%。隨著海外生產比例的增加，許多日本製造商有時會因初期投資的資金投入而造成利潤率下降，但基恩斯並未出現此種情況。自 2014 會計年度以來，基恩斯的利潤率已連續 10 個會計年度超過 50%。

積極投資人才

基恩斯員工人數和平均年薪變化

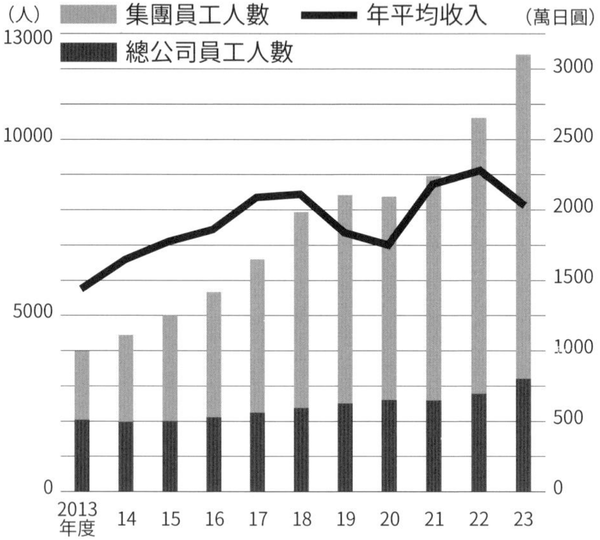

基恩斯的「集團員工人數」在過去 10 年間，增加了約 3.1 倍。這很大程度得益於海外據點的擴張。事實上，「總公司員工人數」也在增加。隨著商品品項增加和日本國內業務擴張，這數字在 10 年間成長了近 1.5 倍。

由於實行薪資與業績連動制度的影響，總公司員工的平均年薪也穩定成長。儘管新冠疫情期間（2019、2020 年）有所下降，但 2023 會計年度的金額為 2,067 萬日圓，是過去 5 次年收超過 2,000 萬日圓成績中的第 5 名，與 2013 年相較約增加了 627 萬日圓。基恩斯已建立提高投資人力資源的制度，此制度會連動產生業績成果，再進一步成為增加投資的循環。

經手多樣化的工廠自動化商品

9個事業部與主要商品

事業部名稱	主要製品
感測器部	• 光纖感測器 • 近接感測器 • 流量感測器
系統控制部	• 可程式邏輯控制器 • 觸控面板顯示器 • 伺服馬達
應用感測器部	• 測量儀 • 位移感測器 • 測定資料收集系統
精密量測部	• 雷射位移計 • 尺寸測定儀
視覺系統部	• 影像感測器 • 影像處理系統
條碼讀取部	• 手持式條碼讀取器 • 二維條碼讀取器
雷射雕刻部	• 噴墨印表機 • 雷射雕刻機 • 3D印表機
顯微分析部	• 顯微鏡 • 螢光顯微鏡 • 雷射顯微鏡
投影／三次元 瞬捷量測部	• 影像尺寸測量儀 • 三次元量測儀

以感測器為核心技術的基恩斯生產超過萬種商品。主要領域是實現工廠自動化，向汽車、半導體、電子設備、機械、化學與食品等多個領域的公司提供商品。除工廠外，商品還用於需要運轉與檢驗物品的場所，例如主題公園、物流設施與研究機構等。

第 2 章

銷售部隊能夠「搶先一步」的理由

激烈的成長速度，第三年即成為「超一流」

「基恩斯的業務任職第三年就會成為『超一流』。不擅此道的其他公司要達到相同水準，大概要花上八至十年。」提供管理諮詢服務的Concept Synergy公司（岡山縣總社市）的執行董事高杉康成指出，負責銷售的基恩斯業務人員的激烈成長速度。

截至二〇二四年三月，基恩斯的集團員工總人數為一萬兩千兩百八十六（總公司則為三千零四十二人）。雖然基恩斯並未公開業務人員總數，但某位前員工稱「占整體員工近一半」。基恩斯以此種規模的業務人數涵蓋日本全國，並深入客戶企業。

其他工廠設備商的競爭對手，像歐姆龍與三菱電機等，是透過經銷商與貿易公司分散銷售給日本各地客戶。相較於此，基恩斯則是採行「直接銷售」模式，即由擁有商品知識業務人員，自行向顧客銷售商品。日本製造業中完全採用直銷模式的公司極為罕見，這是基恩斯自成立以來建立的傳統。

直接銷售工業用商品

由創業家伊隆・馬斯克（Elon Musk）領導的電動車（electric vehicle, EV）製造商特斯拉（Tesla），近年來因直銷模式而受到關注。汽車業界一般是以仲介（dealer，簽訂特約店契約的銷售業者）為主要銷售模式，但特斯拉認為直銷模式更容易傳達自家電動車的魅力。若經由仲介銷售須支付佣金，特斯拉的利潤就會減少。為了維持公司獲利，公司必須將佣金反映在商品價格上。現今是可透過網路直接接觸消費者的時代，對商品具有高度競爭力的特斯拉而言，選擇直銷可說是極其自然的做法。

然而，基恩斯處理的是產業用的複雜機器，涉及領域廣泛，僅透過網路接觸客戶不切實際。正因為基恩斯以直銷模式販賣這些工業用商品，所以業務人員的角色比其他公司重要。

那麼，基恩斯的業務人員如何向客戶推銷商品？為什麼他們成長速度如此之快？讓我們一探真實情況。

反覆練習「角色扮演」，提升商業表達能力

二〇二二年一月的某個週五傍晚，我到基恩斯的東京銷售辦事處（東京、港區）進行採訪。銷售辦事處位於辦公大樓一隅，從ＪＲ山手線、京浜東北線的浜松町站，步行約八分鐘就能抵達。到了傍晚六點，為一天畫下句點的例行公事「角色扮演」開始了。

「現在的尺寸大概跟食指的第一個指節一樣小，但過去大的像拳頭。」「我們是如何縮小尺寸的呢？這個綠色雷射是關鍵喔。」這位拿著工廠專用的雷射感應器，正熱情洋溢在說話的是，在基恩斯工作邁入第九年的感測器事業部部長兼田真吾。「角色扮演」源自於英語「role playing」一詞，由上司、下屬和同事，以二人一組的方式，模擬與客戶展開商業談判的練習。

練習角色扮演的時間並不僅限於新商品發布前等的特殊時間點。一次演練十到十五分鐘，雖然時間短但每天演練是基恩斯的風格，就像刷牙是理所當然的日常慣例。

「我們公司雖然也會進行角色扮演，但基恩斯是唯一一家以如此高頻率，並態度

熱切進行模擬練習的公司。」甚至連競爭對手的經營管理階層也承認這一點。即使像兼田的資深老手，每週也都會練習數次。

基恩斯員工不僅扮演銷售人員，也很習慣扮演客戶，且會設定客戶的細部角色安排：第一次看到商品，或者正在接受第二次提案，還是原本就十分熟悉技術知識。基恩斯的角色扮演，會先與業務人員這樣設定到如此細部的角色安排後，再正式開始。角色扮演完全就像在跟真正的客戶有來有往地對話，業務從簡單的確認延伸到詢問設備細節等進階題，來來回回練習回覆各種問題。

此處重要的是「演示」。兼田使用隱形眼鏡盒等日常生活物品，以突顯雷射感測器特徵的方式解說。讓客戶眼見為憑，與其解釋目錄上的規格資訊，不如直接展示商品更快。

即使是在近期基恩斯業務不斷拓展的海外據點，這種演示也受到了客戶好評。易於理解是銷售的基本要素。基恩斯也將員工在客戶面前演示的次數紀錄當成關鍵績效指標（KPI）之一。

據兼田所言，「只要選擇不同的字詞與說話順序，就可以完全改變傳達訊息的方式」。依據扮演客戶的員工態度是「拒絕」或「猶豫」，以及採購與製造現場負責人的反應差異，兼田的說明風格會有所變化。

兼田經常與後輩兩人一組進行角色扮演，但兼田並不僅僅在指導後進而已。基恩斯的組織扁平化，因此資歷較淺的員工有時也會提出改善提案：「若是這位客戶，用這種提案，或許會得滿分。」在基恩斯，怒斥對方「你是下屬提什麼意見」是不行的。兼田表示：「從別人的角度來審視自己會帶來新鮮感。」這對基恩斯員工來說，是再自然不過的事。

角色扮演只是手段

當我們向前員工等的基恩斯關係人，詳細詢問角色扮演的細節時，可以彙整出幾個重點。

首先，基恩斯的角色扮演有「腳本」。讓員工知道該怎麼說話比較好的場景（scenario）腳本，是由促進銷售小組所負責發想、設計的。以此為基礎，業務人員首先要學的是「模版」，並在這基礎上也記住根據對手屬性或不同人物，而改變談話內容的應用課程。

某位業務前員工指出，「角色扮演是表現力、說明力與簡報的練習，而絕不是只看瞬間爆發力與應對能力」。

「擔任導師的前輩出了我根本答不出來的難題」「我無法立刻回答困難的問題，就被主管罵了」……許多不擅長角色扮演的人，大概都有這樣的經驗。出身基恩斯業務的年輕前員工這樣分析：「在其他公司，有時角色扮演本身可能就是目的。」

但基恩斯並不把角色扮演當成判斷員工孰優孰劣的機會。角色扮演只是聽取客戶期望，展示商品讓客戶了解商品，是希望獲得對方核准購買的「途徑」。基恩斯僅僅將角色扮演視為訓練手段。

此外，前述的同一位前業務提到，「能否在簡報內容與問答過程中，流暢地傳達故事也很重要」，因為若故事主軸是推薦商品，就很容易注意到成功與失敗的區別，並連動、改善下一次的角色扮演。

不僅有面對面的角色扮演，也有講電話的角色扮演，以及使用客戶設備或商品的角色扮演。基恩斯的員工假設所有可能會發生的場面並反覆進行角色扮演，為正式商務場合做好萬全準備。

角色扮演並非時間愈長愈好。即使十到十五分鐘短時間的程度，若能夠每天重複練習，也會產生如「鍛鍊肌肉」般的效果。這為基恩斯員工奠定基礎，他們無論碰到哪一種客戶，都能理所當然地維持高水準的商務談判。

基恩斯前業務、針對採購提供專用報價系統的公司A1A（東京、千代田區）社長松原脩平回憶：「我剛進公司的最初一年半，幾乎每天早中晚都要練習角色扮演，真是受了扎實的訓練。」那一段時光他實際感受到反覆練習所累積的戰力。

此一經驗在他獨自創業時也派上用場。為了打磨創業構想，他透過商業用的社群網路服務（social networking service, SNS），發送訊息給一千人左右。「我在基恩斯學到，數字若不累積相當規模便難以產生品質，我反覆執行也不覺辛苦。」松原如此回顧。

約訪從一天五個開始，以分為單位書寫「外報」

我們可用「扎實密集」來形容基恩斯業務人員的每一天。

他們每週約有兩天左右的「內勤日」，從早上八點半抵達公司後到中午以前，以電話、電子郵件或線上會議的方式，追蹤客戶情況。下午時段則準備商品提案、外出約訪、製作報價單等。每天要打三十至八十通電話。

他們在每週約三天的「外勤日」，一天填滿五至十個的約訪是理所當然。某位前員工提到，「若約訪不滿五個，一開始還不被允許外出」，這樣安排是為了貫徹行程合理化。也有其他受訪關係人提及，「我在新手時代，一天只有兩個約訪，結果連得來不易的這兩個約訪也不得不含淚取消」，這也證實了基恩斯的一般做法真是如此。與客戶的約訪內容包山包海，可能是新商品提案、技術支援和諮詢服務提案等。基恩斯之所以能兼顧約訪個數多、商業談判品質高的原因是，員工反覆練習角色扮演。因為，商務談判要遵循的行為準則已內化進業務人員中，形成他們自然而然的身體反應了。

管理外勤行程必備的工具是「外出報告書」，通常簡稱為「外報」。負責銷售的業務人員在商務會談前後都必須填寫此份表單。他們利用平板電腦或其他裝置在外報上記錄下與客戶的互動，包括：業務做了什麼準備；在何處拜訪，與誰會面；對方反應為何，並與上司共享資訊。

外報上有記錄約訪會面開始與結束時間的欄位，以分鐘為單位。這是為了有效處理一天數量可能多達十個的商務會談。基恩斯並不希望與客戶會談的時間愈長愈好，

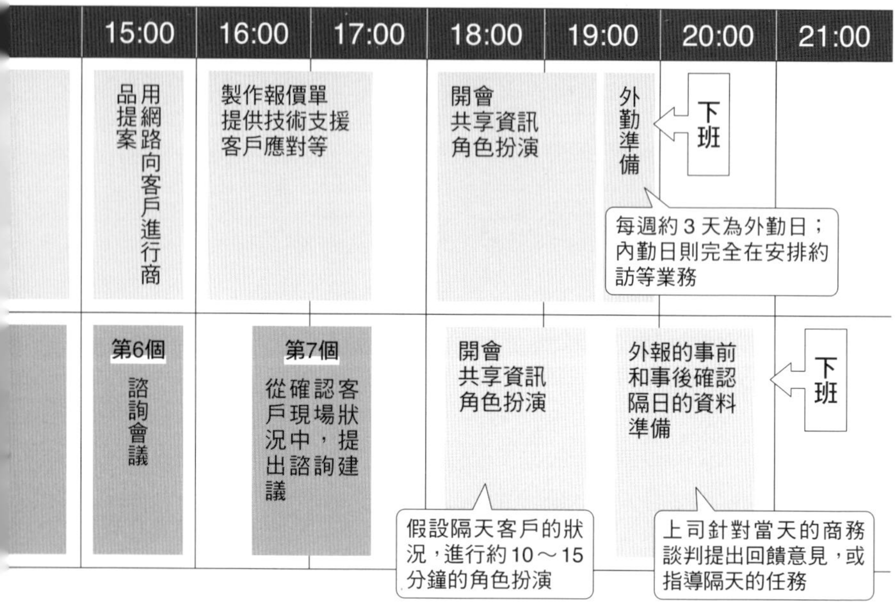

而是為了讓約訪結果最大化，主張提高商務談判的品質和頻率都非常重要，因此留意會談的時間不可或缺。在外報中，也會請業務註明是否以客戶容易理解的方式「演示」了商品。這些紀錄之後都會彙整為業務人員的KPI。

某位前員工提到「填寫外報有不成文的規定」，就是「要在商務會議結束後五分鐘以內，填完」。因為隨著時間流逝，填寫者可能變

圖表 2-1 理所當然是 1 天 5 約訪：基恩斯業務人員的一天範例

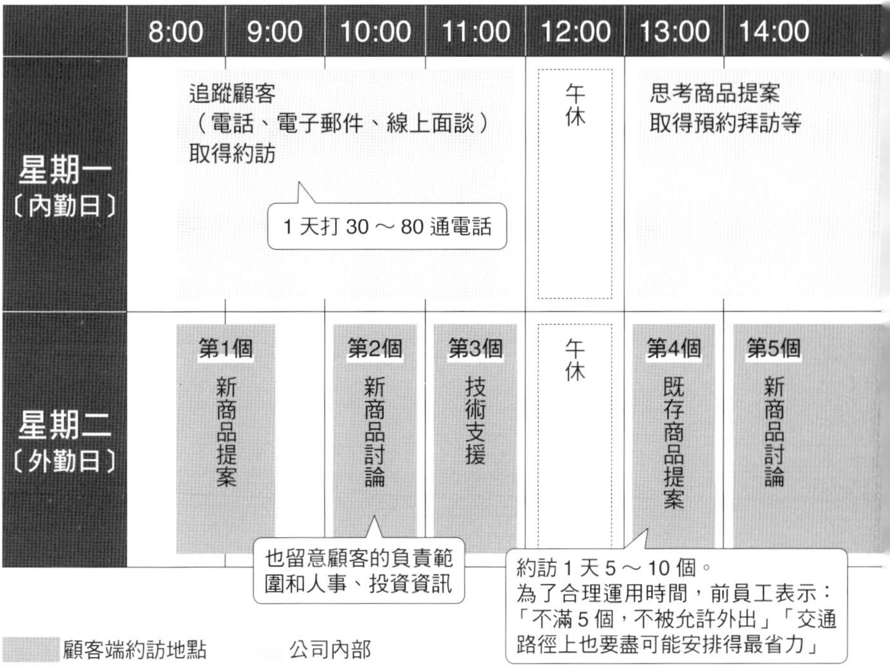

得比較主觀或無法記下太多細節。若立刻寫下商務會談時發生、注意到的事情，將更容易觀察到客戶想要什麼，也有助於擬定接下來的策略。

一天結束時，運用外報與上司綜合討論商務會談狀況與今後方針。這不僅僅討論了當天的工作成果，也能提早跟上司確認更早寫下的隔天任務與拜訪地點。

歷經新冠肺炎疫情，業務人員面臨的整體環境發生了顯著變化。無法面對面進行商務會議的狀況增加；但另一方面，充分利用視訊會議工具也變得能更有效率地拜訪客戶。「這就是為什麼使用外報，進行綜合討論、凝聚共識的重要性日益增加。」Concept Synergy 的高杉指出：「如今，面對面見到客戶比以前更加困難，若沒做好事前準備，便無法與客戶直接建立關係。」

根據擔任多家企業諮詢顧問的高杉所言，即使是在專營企業間生意（B to B）的企業中，會準備事前報告的公司比例可能還不到五％。「多數公司即使理解事前報告的重要性，但實際上卻沒執行，還是較為仰賴事後報告。」

什麼都能預測的「千里眼」，猶如網路企業般分析

「基恩斯的手法近似於網路行銷公司。以銷售企業端商品的製造而言，極少有公司能夠如此綿密、徹底地進行。」提及此點的是銷售基恩斯競品的代理商員工，他指出基恩斯分析銷售活動的縝密程度，與傳統製造業的銷售方式相去甚遠。

該代理商員工推測，「基恩斯不僅觀察拜訪次數這種單純的指標，還會根據接觸到的負責人層級、拜訪時間長短與拜訪內容進行分類，並在考慮回應率、交易達成率等的實際績效的基礎上，決定銷售活動的內容」，基恩斯是如此精準地掌握銷售活動的關鍵。

「銷售力自動化」（sales force automation, SFA）系統位居銷售業務核心。以SFA管理商務談判進度十分常見，許多企業也已導入相關系統。基恩斯與眾不同之處在於充分運用了SFA。

基恩斯的業務人員會在SFA上，留下每天的行動紀錄。此系統會蒐集業務人員打電話的數量與時間等，將此當成具體衡量業務活動的量化指標，並會自動傳輸他們在平板電腦等的裝置上填寫的外報資料。此外，這系統也保存著業務人員自行在SFA中輸入的資料。

外報對於填寫者與其上司而言，具有明顯的備忘錄意義。相對於此，SFA則是為了活用從外報等處蒐集而來、如同打造地基般層層累積資訊的系統。這些資訊除了共享外，也拿來當成統計分析的數據之用。

業務人員如何運用ＳＦＡ呢？讓我們看看具體事例。

以想要瞄準競爭對手製造商的商品替代需求為例，若是想要找到能精確測量物體尺寸的「影像尺寸測量儀」，競爭對手之一是提供精密測量儀的製造商三豐（Mitutoyo）公司（川崎市）。

在ＳＦＡ上，輸入公司名Mitutoyo與同公司前一代商品名的關鍵字後，搜尋結果會列出所有擁有該商品的公司名稱。這是因為基恩斯業務人員會詢問客戶持有什麼機種型號或過去曾考慮購買什麼型號，並在商務討論後將客戶的回答記錄在外報中。這些資訊累積在ＳＦＡ中，未來就能當成開展新業務機會的觸媒。

業務人員也能在ＳＦＡ上，調查客戶在購買自家公司新商品前，過去持有的機種型號。若其他客戶也正在使用這個機種型號的話，等同發現客戶候選名單，業務人員可以打電話給對方詢問狀況：「最近這個型號的汰換量比較高，關鍵是新商品有這個新功能。」若業務有自信地這樣說明，也許就能夠打動謹慎的客戶。

透過分析，辨別實力客戶

基恩斯的業務人員背後有強大的盟友支援：總公司的促進銷售小組。促進銷售小組的角色是負責分析ＳＦＡ累積的資訊，並給予業務人員線索與提示。假如促進銷售小組提供業務人員「半年以內需要更新租約」的客戶名單，業務人員便可以發送「〇%的新銷售客戶過去曾持有ＸＸ（機種名稱）」的電子郵件給潛在客戶。

此外，近年在基恩斯負責分析資料的科學家，一直在活用新工具：人工智慧（ＡＩ）。基恩斯運用ＡＩ找出訂單成功率較高客戶間的共通特質，並以此建立模型，以ＡＩ分析業務人員做了哪些行動能夠產生效果，這麼做的目的在於避免因人而異的分析結果。我們將在第六章說明，基恩斯也開始對外銷售，以此種思考方式建構的資料分析軟體「Ｋ１」。

「為什麼基恩斯連這種事情都知道？」站在客戶角度或許會覺得基恩斯的表現不可思議，但基恩斯的「千里眼」絕非施展了魔法。這是因為背後累積了數年業務人員和企業客戶之間的扎實往來談話，以及徹底記錄下傾聽結果並活用於ＳＦＡ的緣故。

基恩斯社長中田有，1974年生，兵庫縣人。1997年入職基恩斯，持續耕耘銷售領域。自2019年12月起擔任現職（攝影：行有重治）

基恩斯社長中田有在提到自家公司銷售的意義時，表示「最重要的是能與客戶直接互動」。由於業務人員仔細傾聽客戶意見、搜集最新而深入的資訊，從而提出對客戶絕佳的建議，幫助客戶「搔到癢處」。

只要訴諸言語，就能簡單傾聽，但問題在於每個人是否每天都能這樣不懈怠地執行下去。基恩斯員工貫徹的核心理念是，「即使採取行動，若不寫下來等同於毫無作為」。員工們使用各種方法，從客戶那裡提取可以為下一步銷售活動提供提示的訊息，並詳細記錄下結果和自己採取的行動。雖然這是耗力費時的程序，但徹底執行便會產出高效率、高品質的業務行動。而且，若能將這些資訊累積、儲存在ＳＦＡ中，即使銷售人員變動，資料也會保留下來。這意味著公司可以在不依賴特定員工的情況下，持續有效地執行業務活動。

數字時刻變化的真相是為了將「善於跑業務」可視化

由於基恩斯的員工平均年薪較高，或許許多人認為基恩斯徹底以「績效主義」來評估員工。以已簽訂合約的成交金額或與前一年相比的成長率等的「數字結果」，來考核業務人員績效的做法，通常被認為是績效主義。

然而，基恩斯的員工考核卻出乎意料地重視「過程」。基恩斯設定反映在薪酬上的ＫＰＩ是，「只要努力就一定能實現的事情」。根本的思考邏輯是，若能夠改變員工行為，結果將隨之而來。

「五十八、四十二、六十六、九十七……」

此時是平日上班日的下午五點。在基恩斯的銷售辦事處裡，業務人員正緊盯著螢幕，分明的分割畫面上併列著兩位數字。該名業務核對完數字後，鬆了一口氣，開始著手下一項工作任務。

其實螢幕上的數字是業務人員當天撥打的通話數，而且螢幕上不僅可以看見自己的數字，「系統會自動統計每個業務撥打的電話次數，大家都能看到最新數字；自己與其他員工之間的差異也一目了然」，某位前員工提到。

通話數就像股價般隨時波動。某位前員工回顧，「有時我每隔十五、三十分鐘就會看一次螢幕。有時完成業務工作後，查看自己打出去的電話數字，會驚訝地發現：『大家都打了這麼多通電話啊！』於是，從第二天開始，我為了能夠打更多電話，而改變了工作方式」。

若客戶從基恩斯網站上下載了商品目錄，業務人員立刻會打電話跟進。即使客戶端沒有主動詢問，基恩斯業務人員每個月也會打三到四次電話給客戶，提問像：「PLC現在需要三、四個月才能交貨，是否沒問題嗎？」等，詳細傳達市場狀況。有客戶面對基恩斯這種過度熱情的做法，會交代同事「如果是基恩斯打來的電話，就說我正在開會」。另一方面，也有這樣的客戶聲音：「我不用主動問，基恩斯就會告訴我行業趨勢，這對我很有幫助。」（Mechatro Associates 株式會社的酒井社長）。

在基恩斯，每位業務人員撥打幾通電話也是ＫＰＩ之一。不僅自己打出幾通，連同其他業務人員撥出多少通電話也都能「可視化」，這樣就可以客觀地理解自己需要付出多少努力。即使在大家如此普遍使用智慧型手機的今天，電話的實際成效仍維持不變。

個性「不服輸」的員工也對此推波助瀾。基恩斯招募員工時，會進行多次的性向測驗，一位前人資表示「許多進基恩斯的員工都有不服輸的性格」。如果將數字併呈在這樣性格的員工眼前，他們會有何反應？顯然，為了不要輸給周圍的同事，業務人員便會增加撥打電話的次數。

設定明確的指標，將績效可視化，並鼓勵業務人員採取進一步行動。基恩斯的機制非常明確，而且不允許任何藉口。

藉由數十個ＫＰＩ，釐清問題

某位前員工明白表示，「基恩斯有幾十個ＫＰＩ，包括商談次數與關鍵人物的跟進率等在內」。無論何者都是呈現跑業務過程的指標，而且統計結果顯示只要提升其中任何一個數字，都會離成功更近一步。ＫＰＩ的基礎奠基於，業務人員詳細記錄每日活動所累積的資訊。這位前員工回顧過往並表示，他為了提升ＫＰＩ會觀察、比較自己與其他銷售人員的業績表現差異，同時有意識的採取行動。

其他的前員工則提到「在我在的事業部裡，每週都會公布一次從第一名到最後一名的ＫＰＩ排名」。ＫＰＩ是反映行動的指標且種類多元，不過使用何種ＫＰＩ與揭露結果的方式似乎因不同事業部而略有差異，然而全公司的共通現象是，大家最終都會隨時不斷回饋指標結果，並把指標活用於改善個人行動之上。

當業務覺得自己的訂單成交率較低時，會去思考是撥打的電話或約訪的商務面談不夠多，還是接聽電話的對象並非合適的客戶。基恩斯員工可以從各項ＫＰＩ的表現上，清楚看到自己行為上的問題。

「這張表格不是全公司通用的表格，但是我以前經常用的。」前員工向我展示了當時他為了回顧自己表現與應付人事考核，拿來分析自己行動的表格。

這張表格有超過兩千個欄位，非常複雜，表格中填滿了數字。表格項目大概高達數十種：「累計交易公司數」「參與交易人數」「商務會談數」「參與商務會談人數」「拜訪公司數」「首度接觸公司數」「電話撥打數」「電話接通數」「單純接觸人數」……。他列出每月數據的所有指標，與前一年同月的資料相比，從表格中可得知增加或減少了多少百分比。當時這位前員工著力的是「關鍵人物策略」，即對關鍵人物（key person）發展重點業務的策略。從這張表格中，可以清楚看到拜訪關鍵人物客戶的次數增加後產生的實際成績，以及符合此步調後，訂單單價與合計金額的增長。當時，他為了驗證自己採取的策略是否有效，也分析了與非關鍵人物進行商務會談的訂單狀況等的「幕後數據」。他採取了某些策略並取得了正面結果，卻引發了反作用力，導致某些數值變成負數，整體結果成為負數便毫無意義了。「在基恩斯，我們經常被告知，每當我們改善某個項目時，始終都應該考慮它背後的數字，以及會產生何種影響」。

勝利模式小故事的寶庫

此外，基恩斯不會只稱讚業績好的員工，「那個人擅長銷售」就結束經營動作了；而是會找出對方的成功模式，例如「A贏得訂單的業務談判有這樣的條件」，並讓其他業務人員加以實踐。

某位前員工提到，「（客戶方）有三人以上出席商務會談時，安打率較高」。特別是當社長等決策者加上業務現場兩人，這樣的三人組合最理想。由於社長多不了解現場狀況，有時基恩斯業務僅向決策者說明無法完整傳達商品的優異性。但是，若能讓一同參與商務會談的現場成員雙眼發亮，決策者的態度也會突然變積極。「因此，若我們打電話給中小企業的社長時，最後都會加上一句話：『不知能不能也請現場同仁一同出席呢？』」

基恩斯的銷售行為正如充滿「勝利模式」小故事的寶庫，因為業務人員總是緊盯數據：這是第幾次的商務會談？幾個人參加？對方居於何種職務？為了更接近勝利模式，他們進行調整，並據此實際展開業務談判。這位前員工力陳「看到數字，自己該如何行動便一目了然」。即使填寫外報或在SFA輸入資訊多少有些麻煩，但他說「沒有理由不這麼做」。

若是熟悉銷售手法的讀者，或許會覺得基恩斯的做法近似於「銷售賦能」（sales enablement）。銷售賦能是指為了優化銷售活動，綜合實施各種改善方法，如：銷售培訓研習、工具導入、流程分析等。具體而言，像是累積銷售相關資訊、掌握每個銷售策略的貢獻度，共享銷售知識技術（know-how）以防止個別差異，定義與考評業務人員的行動與能力。此種思考方式在嚴格考評成果的美國等地，自二〇一〇年代開始廣為流傳，在銷售個人主義化的問題日漸嚴重的日本，近年也受到關注。

基恩斯著手評估是否建立現場銷售支援系統或體系，是「始於二〇〇〇年代中期」（前員工）。提供客戶關係管理（CRM）工具的美國公司 Salesforce，是自二〇〇六年起，開始致力於銷售賦能。這樣看來基恩斯可說是發展客戶系統的先驅。

能反應基恩斯執著於可視化的小故事不勝枚舉。某位年輕前員工談到他在公司第一年接受培訓的情況。

即使是剛加入公司的基恩斯員工，在完成培訓後也會立即被分配去負責部分業務區域。可知基恩斯的訓練是以實戰為目標，眾人也都嚴肅以對。這位年輕的前員工提到接受培訓時，「每天都會按照不同商品上課，每堂課都有小測驗，就像在學校讀書一樣」。測驗內容包括商品名稱或「能檢測輸送帶的最高速度是多少」等的商品知識。每次測驗結束後都會公布排名，員工按照成績高低順序入座，在基恩斯接受培訓簡直像在升學補習班上課。

由於可視化的執行方式因部門與加入公司的年分而異，這只是其中一例，但連培訓測驗結果都貫徹「可視化」，可說是展現了基恩斯本色。

上司的「歡樂來電」是監視，還是支援？

「你說的是歡樂來電吧？」「沒錯沒錯，就是歡樂來電。」我開始採訪基恩斯前員工後沒多久，他們便充滿懷念地說出了「歡樂來電」（happy call）這個詞。

在流通產業，為了加強公司與客戶之間的聯繫，習慣將業務人員聯繫、詢問客戶商品的使用狀況稱為「歡樂來電」，這也是促進銷售工作的一環。在基恩斯「歡樂來電」則有不同涵義，是指業務人員主管為了跟進後續狀況，打電話給客戶。

「十一月十二日的下午三點，我們家的營業員〇〇〇受您關照了，非常感謝。請問您還滿意他的提案嗎？」業務主管打這通電話的首要目的，在於確認下屬是否確實探詢與理解客戶需求，能否提出令對方滿意的方案。

因為業務人員一天的外勤日可能排滿十個約訪，並非每一次會談都能表現得盡善盡美。主管透過歡樂來電追蹤、跟進後續狀況，若有不足之處就能與業務人員調整、修正下次的商務會面該怎麼做比較好。此外，也有前員工提到「歡樂來電的通話數量有標準值」。

最初擬定歡樂來電是希望跟進、追蹤客戶狀況，但有時主管也會因此發現業務人員的「懈怠」。某位前員工透露，主管「發現業務會談並未按照外報中所寫的進行，因而對一定數量的年輕員工進行再教育；這在部門內部也起了自清作用」。

若員工因歡樂來電被發現說謊，那麼員工一開始便應該確實工作才對，這種想法理所當然。然而，歡樂來電難道不具有老式的檢查功能嗎？當我對基恩斯公關負責人拋出這樣的疑問時，對方斷然否定「歡樂來電不是那麼刻板僵化的東西」。「當下屬無法順暢與客戶溝通說明時，那就『由主管代勞，稍微詢問一下客戶的狀況』，追蹤跟進大概做到這種程度。若每一件約訪，上司都能與下屬同行，便可以提供下屬充分的支援，但現實上做不到，所以改用電話幫忙。」

簡單來說，基恩斯認為歡樂來電的目的就是幫助客戶。而要將歡樂來電視為「監視」或「支援」，端看個人決定。「無論好事壞事，上司都清楚地看在眼裡。我在基恩斯學到最重要的事情就是，不要說謊。」某位前員工提到。

上司就在身旁聽你講電話

正因為在基恩斯一天打數十通電話稀鬆平常，所以與電話相關的軼聞很多。多位前員工齊聲表示，「有時上司會用座機電話的監聽功能，聽一旁的下屬通話」。雖然他們一開始覺得反感，但漸漸也習慣了。某位前員工甚至提到「主管在我遇到困難時，還會遞上小紙條幫助我，與其說感到反感，倒不如說我很感謝他」。

人犯錯經過一段時間，記憶會變模糊，也很難記住因應對策，所以要「打鐵趁熱」。基恩斯的基本想法是主管立即指導和糾正下屬，有助於防止對方重蹈覆轍。

有時區域經理會陪同業務人員赴約。這時主角是業務人員，主管則在一旁聚精會神地聆聽。會談結束後，業務人員若有任何需要改進之處，主管會提供建議，約訪大致如此進行。下屬有時也會主動提出要求希望上級陪同赴約。

基恩斯的有趣之處在於，同時追求以兩種面向來培訓員工。一是基於活用ＳＦＡ的精確數據分析，另一種是人與人的直接溝通。培訓方向既非一面倒地傾向數位邏輯，也不是只注重精神層面。某位曾在基恩斯人事部門工作的前員工指出，「如此努力培育下屬的企業，在今天的日本應該十分罕見」。

我在採訪基恩斯時，也強烈感受到這一點。基恩斯用下屬易於理解的方式詳細說明重要準則，不厭其煩、次次重複，直到對方理解為止。這是一項同時適用於客戶與下屬的技能，「在公司內部，問一會得百」（基恩斯的業務人員）。

生意始於現場，要接近「工廠」而非採購部門

二〇二二年初，某日東京都飄著雪，我拜訪了雅瑪信過濾器（Yamashin-Filter）位於日產汽車（Nission）和東邦化學等工廠林立地區的「橫須賀媒體實驗室」（現名為橫須賀創新中心，位於神奈川縣橫須賀市）。接受我採訪的是，雅瑪信過濾器的開發本部研發部長尾下龍大，他回憶起基恩斯的業務人員時這麼說：「沒想到基恩斯對我們這種規模的研究所，現場演示會做到這種程度。」

那天實驗室裡一個工作第二年的女性開發人員，正在使用基恩斯的掃瞄電子顯微鏡（scanning electron microscope, SEM），反覆進行測量。我們正在檢查為了防止建築設備故障，而在液壓過濾器中使用的纖維。針對構成網狀過濾器的每根纖維，進行奈米級的粗細測量，並確認粗細程度是否介於可容許的範圍內。

實驗室在二〇一八年導入此設備裝置。在導入該裝置之前，這項工作程序極端繁

瑣、機械化。首先，員工以顯微鏡拍攝液壓過濾器的纖維；接著，將拍攝下來的畫面列印在紙上，再用尺測量；最後，根據照片的尺寸、拍攝與印刷的放大倍率來計算出實際大小。

當時，雅瑪信過濾器不僅針對建築機械領域，還朝向農業絕緣材料等新領域擴展事業版圖，並參與了多種纖維的開發案件。為了讓工作更有效率而開始評估是否要引進使用基恩斯的ＳＥＭ。

基恩斯的初步反應極為迅速。當雅瑪信過濾器打算比較數家公司的商品而索取目錄時，電話馬上就響了，且基恩斯立即提案「請讓我們做商品演示」。深耕這個領域、歷史悠久的老字號公司「堀場製作所」與「日立製作所」（日立高科技〔日立 high tech〕）的商品雖然也在評估之列，但兩家公司都僅止於寄送商品目錄後，便再無其他動作。雅瑪信過濾器知道跟對方公司聯繫，要求進行商品演示當然也是選項之一，但「我們這樣規模大小的公司，並不太會收到這樣的提案」（尾下）。在還沒向下一階段的商務會談邁出下一步前，雅瑪信過濾器與這兩家公司的往來便就此告終。

尾下如此回憶當天的演示。基恩斯的銷售業務人員鄭重地抱著ＳＥＭ，快速踏上實驗室的樓梯，簡單寒暄之後便開始設定。基恩斯員工將纖維置於工具內部，將內部抽取真空後做好準備，生動地示範如何透過電子束照射來測量纖維的粗細。

尾下喜歡基恩斯商品的地方是無論由誰操作機器，都能得到相同準確度的測量結果。使用滑鼠操作、指定測量尺寸的位置時，基恩斯的ＳＥＭ就會自動選擇測定對象的輪廓。即使點擊稍微偏離邊框的某個位置，它也會假定使用者已選擇了邊框。

實驗室裡大約有五個人使用了這個工具，「不會因為不同操作者而產生檢測差異，並且可以大大減少人為錯誤」（尾下）。現在基恩斯的競爭對手製造商已將類似的功能逐步整合到商品中，但在當時算是革命性商品。不過，基恩斯推出時的商品價格，比其他公司商品的市場行情高出約兩成。雅瑪信過濾器公司需要時間才能通過內部核准，不過基恩斯以「立即交貨」為賣點，即當天出貨，對此尾下笑著說：「基恩斯的出貨準備速度，比我們公司內部付款流程還要快。」

連業務人員都會程式設計

「基恩斯員工也精通技術」，給出如此考評的是大型玻璃公司ＡＧＣ的生產技術人員，接著他持續表示：「讓我驚訝的是，即使是銷售人員，也能做一些簡單的程式設計。」

某次，當AGC的生產技術人員針對「想要這樣使用裝置」而提出諮詢時，得到基恩斯業務人員如下可靠的回答：「這樣的需求，我就可以處理。」若是其他公司，通常要聯絡客服中心，最終才能解決問題，確實很耗時。他提到，「我覺得基恩斯強烈灌輸業務人員，應該盡可能獨力在現場解決問題」。這樣的場景正在全日本各地上演。

某位自動化設備代理商的業務人員正在與客戶交談，這是他日常銷售工作的一部分，此時有人打電話給客戶，客戶對他說：「等一下喔。」電話的另一頭似乎是基恩斯的業務。

「現在嗎？一下子的話沒關係。」接電話的客戶這麼回答，並對他使了個眼色，一邊操作滑鼠，一邊看著電腦螢幕。客戶當場對基恩斯員工提出了一些要求，過了一會兒他說：「我已經收到了，謝謝。」然後掛斷電話。這名非基恩斯的業務人員後來詢問客戶，客戶回答原來在他來拜訪之前，客戶以電話聯繫了基恩斯進行諮詢，基恩斯業務後來就傳給客戶一個可以解決這個問題的程式。也就是說，透過電話進行的諮詢，客戶大約僅花十到二十分鐘就得到了回覆。

「儘管我們跟基恩斯是競爭對手關係，但我對他們『出色的表現感到震驚』。」一位代理商業務曾近距離觀察基恩斯業務人員的過人之處，他如此回憶。

「能讓我看一下現場嗎？」

基恩斯業務人員依據日本全國銷售網劃分自己的負責區域，並在九個事業部中銷售自己負責的商品。

「歐姆龍的業務車停在採購部的旁邊，而基恩斯的業務車則是停在工廠旁邊，這是流傳已久的說法。」Globis 經營管理研究所職員嶋田毅如是說。基恩斯的現場主義十分有名；基恩斯的業務人員每天都會從全日本的營業據點，密集地出發拜訪客戶現場，以了解對方是否有任何問題，並尋求能為對方提出好建議。

某位前員工回顧道，「我在外報中，有記錄是否進入現場的習慣」。剛加入公司的年輕員工似乎也繼承了重視進入工廠的工作態度。在基恩斯，負責銷售業務的員工一進公司，便會參加跟前輩一起跑外勤的培訓研習。據某位年輕的前員工所言，一天從五件起跳的約訪全數隨同，「前輩積極地向客戶提出：『不好意思，能看一下現場嗎？』每天我們都像在參觀工廠」。

基恩斯的業務人員勤跑現場，並與客戶合作一起解決所有困難。雅瑪信過濾器的尾下對此給予高度考評：「若說其他公司做到的程度是一，那麼基恩斯的（客戶）接觸程度應該是一百吧。」基恩斯員工的工作樣態，就像流經日本製造業的微血管般緊密滲透。

引導潛在需求是「採訪客戶力」的泉源

「業務長在腳上」「只要做到最後的績效數字就ＯＫ」「無論如何靠恆心、毅力來跑業務」……。說起傳統業務的形象大概如此吧，但基恩斯的業務人員則採取完全相反的做法。基恩斯業務人員無論何事都講求邏輯，他們被賦予的重責大任，問出客戶的真正需求。這些資訊不僅可用於為客戶制訂提案建議，也可能包含了開發新商品的線索。讓我們來看看「採訪」客戶的技巧。

探索「需求背後的需求」

「請你們確實去發現，潛藏在客戶背後的需求是什麼。」這是基恩斯的業務人員經常被上司交代的一句話。當業務與上司討論隔日之後的拜會對象時，在說明完拜會的目的與目標、從客戶聽取來的需求與背景後，便會被上司如此提醒。在進基恩斯之後的研習中，也會細細傳授客戶言明的需求，以及最初並未從客戶口中說出的真正需求，亦即「需求背後的需求」，此兩者必須分開思考。

基恩斯前員工、爾後自行創業成立革新（Kakushin）顧問公司的田尻望，針對基恩斯的思考方式進行了以下的解說。雖然下面的例子範疇與基恩斯的商品不同，但以客戶跟業務表達「想要平板終端機」來闡明相關想法。

當業務人員進一步詢問客戶想要何種平板時，客戶回答「想要方便又容易上手的機種」。業務人員為了合乎客戶條件，因此找了具有輕巧或畫面易於閱讀等優點的終端機商品來提案，若是這麼做就是針對客戶「需求」的具體提案。

而基恩斯型的顧問銷售則是會探索客戶「需求背後的需求」，所以會向客戶提問：「為什麼需要這個裝置」「導入此一裝置，期待得到何種成果」等。

在與客戶反覆對話的過程中，基恩斯的業務人員能找出如最終目的般的回答，像是「希望提升業務效率」，也能看見「每個月要出差約十天的業務人員」，因為希望打造「能夠迅速共享資訊的工作環境」，所以著眼於平板等的理由。如此一來，業務人員便能夠提出更進一步解決客戶問題的提案：不僅是平板，而是平板再搭配上適合在團隊內分享資訊的軟體組合等。

此種真正的需求，很多時候連客戶自己也都沒注意到，是透過在對話中自問「為什麼」才好不容易發現的需求。田尻透露：「一般的業務人員大多僅能將『想要平板』視為普通的需求。而在基恩斯，進入公司半年所受的研習培訓，就會教導員工『要追問到底』了。」

釐清誰是關鍵人物

此時，基恩斯的業務人員會徹底留意誰是採購的決策者。Globis 經營管理研究所的嶋田指出，「基恩斯的業務人員會迅速區分出決策者，回應他們所關心的議題，提出一針見血的方案」。

而在累積了各式各樣銷售活動相關資訊的ＳＦＡ系統中，除了記錄客戶公司中誰是決策者之外，似乎也記錄了該決策者的性格與決策傾向偏好等資訊。某位前員工也證實，「他們會以一季或半年一次的頻率，定期更新（與關鍵人物相關的）資訊」。基恩斯的業務人員會經常性地向客戶詢問：「這個案子的決策進行到什麼程度？」並且認真聽取在詢問過程中浮現的決策者，或是對決策者具有重大影響力人士的期待與需求。

我向基恩斯的前員工等關係人詢問、探索「需求背後的需求」的訣竅時，了解到他們「向客戶說明業界全貌或客戶正打算進行的整體製程」。

例如，當製造電池的企業來商討切割製程時，一般的業務人員應該會彙整欲切割的對象物品與切割方式的知識，提案適合該切割製程的商品吧。然而，若是基恩斯的業務人員的話，則會調集電池製造工程整體的知識。因為他們可以預見伴隨工程重大變更而來，客戶會面對整體環境的最適化，而非僅止於與客戶交談部分製程最適化的方式，這麼做有時背後的真正需求將會變得清晰可見。

「透過討論事情應該如何發展來建立信賴關係，讓客戶能夠感受到『如果委託這個人，這個專案就會順利進行』」（前業務）。不用說能做到這種程度，業務需要與之相應的大量學習。

基恩斯的創辦人瀧崎武光於二〇〇三年十月二十七日發行的《Nikkei Business》的訪談中，談到業務人員的學習姿態時，這樣表示。

我們的業務人員真的是很認真學習啊。從商品正式發售的一個月前左右，就會由技術人員擔任講師，數度舉辦學習會。即使商品發售後，業務會將客戶的意見帶回公司，像是「客戶的期待是這樣」「這個說明無法讓客戶理解」等，或者是重複試錯（trial error）。我們的業務人員比起在外拜訪客戶，待在公司裡的時間更長。這就是他們努力學習的程度，這也有助於幫助客戶理解我們商品的優點。

創造熱銷的「需求卡」

基恩斯也有將業務人員「採訪」的成果，活用於商品開發的機制，亦即每個業務每個月都必須提出一件以上的「需求卡」（needs card）。

需求卡是寫下「世界上現有的東西都無法達成的需求」。例如，在本章開頭登場、感測器事業部部長兼田所寫的是「希望可以將現在拳頭般大小的商品，都縮小成數公分立方尺寸」，據兼田所言「希望藉此正面迎擊，無法滿足客戶需求的遺憾」。

Concept Synergy 的高杉，對此機制的考評是「理解技術的人將客戶提出的需求寫在卡片上，更易於開發出正中紅心的商品」。若僅憑「客戶如此說」的傳聞，難以成為商品開發的線索。「業務人員的傾聽能力，直接關係到需求卡的品質」（高杉）。除了客戶直接陳述的需求，例如「我想要這個」以外，還記錄下客戶在商務會談中不經意說出的話語。

誕生於京都的「ＩＤ制度」能跨越事業部間的障礙

「部分原因是基恩斯業務人員的水準較高，但更為強大之處在於他們全公司齊心協力達成目標。」工廠自動化機械設備代理商的業務人員如此描述競爭對手基恩斯。

基恩斯依據概略的商品分類來劃分事業部門。一般用途的感測器屬於「感測器部」，影像感測器則歸屬於「視覺系統部」，共區分為九個事業部。業務人員負責自己所屬部門的商品，且會依區域分派。換言之，負責相同地理區域的業務，依據商品領域不同共有九人。這種運作機制稱為「區域制」，由業務人員負責各自區域的市場分析、銷售策略的擬定。

一般而言在「垂直分工」的組織中，事業部之間的橫向協作較為困難。即使如此，基恩斯的表現甚至讓競爭對手的銷售代表稱為「全公司齊心協力」，原因何在？

基恩斯針對此也設立了一套機制，通稱為「ＩＤ制度」。這制度是指某個事業部的業務人員，若向其他事業部的業務轉介「這個客戶需要這種商品喔」，成交後該銷售人員會得到「賞金」，對自身考評也有加分效果。

例如，假設負責一般用途感測器的業務人員在深入挖掘客戶需求的過程中，得知對方可能有影像感測器的需求的話，此時若對自己沒有特別的好處，或許不願費力查詢與引介給其他事業部的人員。若發生此種狀況，以公司整體而言就是損失訂單。建立此機制的目的，在於跨越事業部的界線障礙、發揮團隊合作，藉以消除此種機會損失。

基恩斯的員工似乎也給予該機制正面考評。前員工提到「如果轉介的多，還會得到表揚，所以我就像多賺零用錢的感覺，積極轉介」「每一季大約會多賺到五萬日圓左右」。

「打倒歐姆龍！」

基恩斯早在一九九〇年代便開始實施此一ＩＤ制度，誕生背景與總部位於京都市的大型機器設備公司歐姆龍息息相關。就九〇年代初期的銷貨收入來看，歐姆龍的銷售額略高於四千億日圓，相較於此基恩斯則是超過二百五十億日圓。兩者相差超過十五倍。

據基恩斯前員工大川和義表示，當時基恩斯參展的攤位面積僅有歐姆龍的十分之一左右。基恩斯的業務人員在歐姆龍的巨大展位前抓住參觀者，問道：「這位客人，您在看什麼嗎？」然後把對方招呼到狹小的展示空間來推銷商品。歐姆龍的業務人員卻處之泰然，似乎也沒有感到被冒犯而覺得不愉快。「真是辛苦啊～」歐姆龍的業務人員只是以驚訝的表情盯著看這場面上演。大川笑著說：「感覺就像螞蟻在與獅子對抗一樣。」

約在此同時，大川被拔擢為京都銷售辦事處的處長。雖然大川曾向基恩斯創辦人瀧崎宣稱：「提起京都，大家就會想到歐姆龍，我們一定會打倒歐姆龍的！」但他其實心懷隱憂事業部之間的溝通障礙。當時基恩斯雖然只有兩個事業部，但卻都對對方抱持著高度競爭意識，瀰漫著「我不想輸給另一個事業部」的氛圍。沒有什麼比在與歐姆龍這樣的巨大對手交手，卻因內部競爭而錯失機會更得不償失了。「我們注意到也應該讓業務人員去學習另一個部門的商品，他們就可以向客戶介紹：『雖然我們部門的商品無法達成您的要求，但公司另外還有這樣的商品。』」（大川）。

大川首先導入了跨事業部門的轉介制度，這是京都銷售辦事處特有的業務制度。

在京都國際會館舉辦的「全國業務大會」中，大川介紹ＩＤ制度時，引起了其他員工的共鳴：「確實對於客戶而言，你屬於哪個事業部並不重要。ＩＤ制度太棒了。」不久後這項措施就在日本全國推廣，並一直延續至今。

數年前自基恩斯轉職到Ａ１Ａ擔任營運長的西島譽典證實，「從個人開始嘗試執行的措施，若被認為對公司有利，那麼所屬單位、區域、事業部便會積極推廣」。實際上，由負責銷售業務的西島個人開始的措施，後來也在其所屬的視覺系統部加以推廣。

始於西島的「問卷措施」必須填入「預算」「期望的導入時間」和「必須導入的理由」；這是為了在商務會談時，順利問出應該問的內容所設計的。這原本是西島個人為了提升訂單成交率所下的功夫，也確實帶來了提高會談效率和訂單成交率等具體成果。之後，區域經理高度考評「這個做法很有趣」，其他銷售辦事處紛紛效仿，最終在事業部內推廣開來。

基恩斯不依賴員工的個人成長，而是在建立促進好結果產生的制度上下功夫，並慢慢將其納入組織中。員工按照制度日日貫徹行動，這會讓組織成效開花結果，而且還會帶來個人成長。基恩斯的銷售部隊一以貫之的理念，自一九九〇年代以來從未改變。

第 3 章

持續超越期待的商品部隊

現在才追加功能也來得及的高超技能

二〇二二年一月中旬，我走近基恩斯總部一樓，踏在純白色地板上。顯微分析部商品開發小組的經理廣瀨健一郎，在角落的商務會談室向我們解釋：「你準備好了嗎？只有短短一瞬間喔，可以看到小火花，不要錯過。」放在我面前的是一台數位顯微鏡，可觀察物體表面和微小形狀的桌上型裝置。側面還有一個顯示螢幕，可以在調整焦點和移動觀察區域的同時，查看高倍率拍攝的影像。

這款數位顯微鏡不僅能觀察外觀，而且是擴充型裝置。「雷射元素分析模組EA-300系列」的特殊模組可取代典型光學顯微鏡中物鏡的「頭」。使用這個工具可以對目標物進行元素分析，並能以高倍放大率觀察。基恩斯於二〇二一年推出這款元素分析儀就一炮而紅且成為暢銷商品。

當廣瀨操作手中的裝置時，可以在載物台上的金屬和頭部鏡片之間看到短暫的火花。若沒有廣瀨提示，我們大概就會錯過這小火花。

大約十秒後，螢幕上顯示「鐵七七・一%、鉻一五・九%、鎳七・〇%」的測定結果。雷射元素分析模組能夠確定組成目標物金屬的元素類型。廣瀨隨後再次操作儀器，這次螢幕上顯示該金屬為「不銹鋼」。

此儀器透過觀察金屬等物體在雷射照射時發生的電漿（等離子體）光線，並根據光線顏色來確定物體中含有的元素及比例。迄今為止，使用Ｘ光的元素分析儀器在觀察前需要進行複雜的表面處理，儀器內照射Ｘ光的空間必須密封並抽取為真空狀態。正如我們實際在商務會談室所見，基恩斯的這款商品可以在一般房間中輕鬆使用，只需將目標物放在載物台上，即可開始分析。

其他公司已將運用雷射的元素分析儀器商業化，但基恩斯專注於改良讓商品體積小巧且易於任何人使用，並開發為桌上型顯微鏡頭。此外，帶動強勁銷售、讓商品「大受歡迎」的另一個原因是，它不僅能識別元素，還能夠推測如「不銹鋼」等相對應的物質名稱。

此種將「ＡＩ建議」功能用於元素分析儀上的做法，是「世界首創」。廣瀨說明，這部儀器內部記憶了金屬之外，鹽、藥品和碳酸鈣等數千種物質的元素模式，只要對照元素分析結果，就能得出相對應的物質名稱。

正面的「意料之外」

ＡＩ建議功能又是如何誕生？「這個開發過程很耗時啊」，廣瀨和開發團隊十分在意這一點。他們最初是基於讓「任何人都可以輕鬆使用」的概念，開發了雷射式元素分析儀。然而，使用傳統的元素分析儀時，使用者必須自己查書才能找出對應的目標物為何。

例如，假設在工廠製程中混入了異物。即使以機器嘗試調查異物，若僅能得知異物含有什麼元素成分，難以解決問題。此時若能夠自動推測相對應的物質名稱，更易於判斷異物來自何處。

當初的開發計畫並沒有加入ＡＩ建議功能。然而，在反覆討論新機種的過程中，開發團隊開始出現這樣的聲音：「為了讓不具備相關知識的人也能夠使用，希望進一步能讓客戶輕鬆上手會更好」。如果能藉此讓過往不曾想過要使用元素分析儀的狀況或客戶轉變為開始使用，就可能增加銷售數字。

「隨著商品開發有所進展，完成試驗機後，團隊內的討論更熱絡，有時也會產生意料之外『這樣做更好』的正面效果。」廣瀨這麼說。眾多參與討論者的共通之處在於，以企業理念中的「創造最大的附加價值」為目的。即使是「意料之外」，也幾乎沒有出現任何意見分歧。

當然，也有人提出「以技術面而言，有難度」的意見。然而，廣瀨斬釘截鐵地表示：「我們沒有朝『都到了這個階段了，還是放棄吧』『現在要重新評估嗎？』等容易、簡單的方向前進。反而是按照基恩斯的文化，『即使如此，若還有價值就放手一搏吧』。」

在某些狀況下，基恩斯甚至會延遲商品上市的時間。與其優先考慮時程而推出半吊子價值的商品，基恩斯更重視是否將價值最大化。在基恩斯，這是理所當然的常態做法。

順帶一提，為了增加ＡＩ建議功能，需要讓ＡＩ記住數千種物質的特徵，並且根據這些特徵選擇相對應的物質。即使在開發過程後期才添加如此複雜的功能，「最終總算還是硬趕上了」，廣瀨說。

這個故事不僅訴說了基恩斯工程師卓越的專業能力，同時也展現了他們配合商品開發團隊的態度。首要目標自然是將價值最大化，但這並不能成為延後工期的藉口。

如果實在有必要，期程固然可以調整，但工程師會盡一切努力在原定的工期之內如期完成。

找尋供應商之旅

一般在典型製造商中的開發團隊角色，大多是在交貨期限內完成指定規格的機器商品。然而，基恩斯的開發團隊則是，「企圖更進一步提高客戶提出規格的價值。原本企畫部門就是以客戶需求為起點，深思熟慮後設計出規格，但若有任何應該改善之處，我們會不斷提案並實際拜訪客戶，觀察他們的反應，藉此反覆打磨、精煉我們的商品特性」（經營資訊室員工）。此種「多花一點工夫」，便能提升商品的附加價值。

基恩斯的商品開發是以實現「毛利」八成為目標，這是銷貨收入減去銷貨成本後的數字，前述的元素分析模組也不例外。當被問及達到毛利八成的難度時，廣瀨回答「我們會努力降低成本，但基本上還是把重點放在提升附加價值」。基恩斯首要以增加價值為先決條件，例如能為客戶縮短多少作業時間、減少多少工時等。

開發 EA-300 系列商品的困難之處，不僅僅在於新增 A I 建議功能，還包含為了達成能在桌上使用、實現小型化的目標。據廣瀨表示，他們為了尋找適合的零件與遠超過十多個國家的製造商交涉。

由於我們的小型化目標完全超乎常識範圍，零件製造商說出「那麼小的機械，不可能產生火花」等理由而拒絕我們無數次。廣瀨回憶道，「除了大家經常想到的工業國家以外，我們還必須親自前往其他地方尋找零件」。

廣瀨和團隊沒有放棄，持續尋找供應商，並在商品的內部構造上下工夫。起初團隊認為體積若不到每邊一公尺會無法實現這個功能，但最終成功地將儀器的體積收束在寬二十八公分、高三十七・五公分、深二十一公分的小機箱中。

開發新用途

這部元素分析模組是汗水與淚水結晶下的產物。引進該商品的玻璃大廠 A G C 的生產技術負責人欣喜若狂，「我們能夠在短時間內判斷出何種工具與何種玻璃相容」。

在玻璃商品的製程中，最後完成時會進行「倒角加工」（Chamfering）的工序，透過削除與打磨，才能避免破損，降低割到手指等的危險，改變光線折射面角度，增加光澤與高級感等效果。然而，由於此種倒角加工使用的工具材質被工具製造商視為專門技術知識，AGC很難掌握具體材質。

AGC引進基恩斯的元素分析儀，觀察倒角加工工具的一端，「能把這塊玻璃加工得這麼好，這個工具的材質是什麼？」基恩斯的儀器可以讓人即想即行，想到便可以立刻進行分析，大大提高了製造現場的分析工作效率。AGC表示從中看到巨大的價值。基恩斯追求「任何人都能簡單使用」，為客戶企業創造了新革新，並擴大了商品銷售機會。

等到客戶說「想要」就太遲了

「若是依據客戶告知的資訊來決定開發何種商品，就太遲了。即使完全按照客戶的希望製造商品，也無法提升附加價值。」基恩斯的創辦人瀧崎武光於一九九一年六月二十四日出刊的《Nikkei Business》，接受總編輯採訪時這麼回答，然後他繼續說：

「開發團隊必須在掌握當前市場訊息的基礎上，發現客戶自己沒注意到的潛在需求，不然是不行的。目前，在我們七百六十名員工中，約有一百人參與研究開發工作，讓他們自己發現問題並持續尋求解決方案，而不是接受別人委託的工作，我認為這是經營管理上的重要課題。」

自此經過了大約三十年。「不製造生產客戶想要的東西」的價值觀，仍然是基恩斯商品開發根深柢固的基礎。基恩斯商品開發最高負責人董事兼開發推廣部部長山口昭司，解釋了這句話的涵義，「最原始的目的在於創造附加價值，我們一直持續思考能夠回應客戶『潛在需求』的商品和服務」。

此外，山口自豪地表示：「創造附加價值正是我們存在的意義。開發、銷售、生產製造等部門的每個人都懷有『藉由商品改變世界』的願景，我們的優勢在於全公司的目標是一致的」。

岡三證券資深分析師諸田利春認為基恩斯應是「『客戶指向型商品導向』的先驅」，並考評公司從創立後的初期階段，便開始實踐領先客戶需求的商品開發模式。

我向山口探詢最近是否有暢銷商品時，他回答說：「暢銷商品？我們全部的商品都是啊。」若公司不能為客戶帶來新價值，便不會開發該商品，山口的答案散發出強烈的自信。

以「意義性價值」獲得八成毛利

我們在前述元素分析模組的段落中曾提及，基恩斯以「毛利八成」為附加價值的數字，即是產出銷貨成本五倍的價值（價格）。山口也承認「雖然沒有明文規定，但我們將此視為標準之一是事實」。

據長年研究基恩斯經營管理模式的大阪大學經濟學研究所的延岡健太郎教授表示，日本主要的電機製造商的毛利僅約三成左右。教授指出：「基恩斯提高附加價值的關鍵在於『意義性價值』。」不僅是目錄規格般呈現的「功能性價值」，基恩斯的強項在於，能夠以易於理解的方式呈現解決方案的價值，諸如「為什麼這個方案好」和「該如何充分運用此方案」。

「當然他們有技術，但真正厲害的地方在於知道如何組合這些技術，如何能賣出商品商品」，負責基恩斯競爭對手製造商商品的業務人員表示：「其他製造商雖然在技術上也能夠做到這一點，但不會這樣組合成商品，基恩斯則會這樣提案。」透過將功能與功能、功能與易用性結合，創造出「比其他公司商品更易於使用」的價值，這似乎成為一種勝利方程式。

這位業務回憶起他在某次輸給基恩斯「ＩＶ系列」影像辨別感測器的提案時說，「兩者的易用性完全不同」。「其他製造商雖然商品功能也很完善，但由於是工業商品，並未徹底追求高度的易用性。但基恩斯想到的使用者，不是組裝設備的專門技術人員，而是專攻希望滿足在生產現場的工作人員想設定或調整的需求。他們能夠實現『按照編號選擇，即可輕鬆使用』程度的易用性，這一點非常強大」（同業務人員）。

基恩斯的開發部門「沒有特定預算」（山口董事），因為以消化預先決定好預算的思考方式，將無法得知是否真正進行了必要的投資。基恩斯基於「外出的一舉一動都要詢問目的的文化」（山本寬明董事），不會承認無法解釋目的的支出。

相對地，基恩斯也會毫不猶豫地進行必要的投資。他們針對每個商品企畫都會試算開發所需的工時與經費，若能判斷投資可為商品帶來值得的效果，則專案將被放行。「最終的商業化裁決由被稱為『公司負責人』的社長所決定，但經常被授權給事業部決定。」（山口董事）

需要在暗室裡才能使用儀器嗎？

有一則流傳甚廣的基恩斯商品開發故事，是他們靠著「螢光顯微鏡」上演逆轉勝的戲碼。

螢光顯微鏡用於生物或醫學研究，是觀察特殊試劑塗布於細胞後所發出的微光。這市場已經由基恩斯以外的多家製造商所占據，基恩斯是後進者。基恩斯以新的附加價值為武器，已蠶食市場，成為領先製造商之一。

在暗室中使用傳統的螢光顯微鏡是一般常識，因為若背景有不必要的光線，就無法準確觀察，基恩斯在此處發現金礦。「為什麼必須把整個房間的光線調暗？」基恩斯的想法是，若用機箱包圍樣品和物鏡所在的區域，便能阻擋周圍光線，就無須特別進入暗室中觀察。在光線充足的房間中工作，有助於提高效率並縮短整體分析時間。

事後諸葛容易，但基恩斯能夠做到這一點絕非偶然。曾在基恩斯有銷售與商品企畫經驗的 Concept Synergy 的高杉康成執行董事如下分析。

若詢問客戶需求，應該會出現「希望能進一步加快分析速度」之類的聲音，關鍵在於如何詮釋客戶說的話。因為若將其視為「使用儀器至產生分析結果所需的時間」的話，很容易公司就會往提升規格數值的方向著手，例如將相機更換為更高規格或開發速度更快的分析軟體等。若基恩斯與其他公司的競品仍處於能維持差異化的期間，這麼做當然沒問題，但在商品軍備競賽底下，競爭者很快就會迎頭趕上，最終將陷於價格戰。

相對於此，若是採取「檢測作業花費的整體時間」的多元觀點，或許便能看到原本在暗室內工作就會導致效率低落的切入點，這便是基恩斯堅持要看見客戶的「潛在需求」。數十年來持續在暗室中工作的客戶，將這種做法視為理所當然，不會注意到這個問題。後進者基恩斯找出客戶尚未反饋的需求，並推出「業界首創無須『暗室』」「螢光觀察、分析所需時間僅需要十分之一」等具有清楚市場區隔特徵的商品，藉此取得了長足的發展。

企畫部有自信能聯結客戶潛在需求與商品開發

「基恩斯之所以能夠開發出滿足客戶潛在需求的商品，原因之一是由企畫提案部門主導商品開發」，Concept Synergy 的高杉如此說。在基恩斯先負責過銷售業務，後來也擔任商品企畫的高杉向我們解釋基恩斯的流程與特徵。

在基恩斯，商品企畫會一邊評估、檢視各種想法，一邊制定商品計畫，並身為專案負責人（project leader）與開發部門、銷售支援部門合作完成商品。田中指出了以下三大重點。

第一點，商品企畫人員扮演銷售與商品開發之間的中介角色。制定商品計畫時，基恩斯會聽取接近客戶端的業務人員與熟悉新技術的開發人員的論點。即便是源於大客戶的回饋，即使是世界最尖端的技術，若與潛在客戶需求關連不大，也不會進行商品化，這部分的調整由商品企畫負責。第二點重點是商品企畫花費長時間來完善商品規畫。而第三點則是他們會持續全程參與直到最終商品完成。

儘管基恩斯並未明確公開，但外界普遍認為商品企畫部門約是由數十人組成的少數精銳部隊，似乎經常挑選業務和開發的資深員工來負責。

話雖如此，這並不意味著員工僅「因銷售業績好」就會被分配到商品企畫部門。此部門員工必須具備將客戶需求與未來商品聯結的敏銳度，「需要類似於在高度專業領域，進行市場調查般的分析師工作方式」（高杉），適性非常重要。

「拚命看」需求卡

具高杉所言，商品企畫以下述的流程來推進。

在商品化之前，需要經過兩個核准流程。首先是「啟動核准」的程序，商品企畫人員從為數眾多的想法中，選出想推進為試作品階段的點子，並提出企畫書。他們經常身懷約三十個可認真考慮商業化的點子，但實際著手推動的只有其中三個左右，要擠過這窄門的機率僅有十分之一。

接下來，是得到「商品化核准」流程。這在一般公司，相當於「請示新商品開發」。針對初步確認試作品技術可執行性的案件，更進一步進行深入的市場調查、技術評估與商業可行性研究（feasibility study）。基於調查與研究結果，最終在獲得「公司負責人」（指社長）核准後，投入數億日圓開始進行商品開發。三件進入試作品階段的企畫案中，就比例而言只有一件會得到實際商品化的核准。

首先，走到完成企畫書這一步便很困難。大前提是「毛利八成」，在商品開發上尋求價值創造的目標，從這個階段便開始適用。商品企畫根據客戶能提供的價值推估價格，徵詢內部開發人員釐清技術實現方法與成本。

關於基恩斯員工該如何掌握客戶需求上，第二章中曾提及的「需求卡」扮演重要角色。業務人員基於客戶回饋寫下可能的潛在需求，並且每月至少提交一份。僅僅日本全國業務人員的數量，總公司就會收到相當大量的需求卡，企畫人員會「死命地盯著看」（高杉）。如今，需求卡已電子化，但高杉尚在基恩斯任職時仍是紙本資料，企畫人員翻閱彙整成一本供傳閱的需求卡小冊，拚命從中尋找新線索。

基恩斯為了鼓勵業務人員提出需求卡，設計了激勵措施，這一點也非常具代表性。高杉回憶道，每三個月舉辦一次「需求卡獎」，獎金約為一萬日圓，每年舉辦一次「需求卡大獎」，獎金則在數十萬日圓之譜。

對於原本薪資已屬高水準的基恩斯員工而言，或許這並非值得拚命爭奪的金額。儘管如此，此措施可以「傳達出有人會閱讀需求卡的訊息，並藉此激勵大家」（高杉）。

基恩斯提出某種回饋會連動到下一次的行動，行事絕對不會有始無終、有頭無尾。我可以毫不誇張地說，這就是基恩斯的基本行動原則。

當然，需求卡上的內容可直接拿來使用的狀況並不多。業務人員也每天都在努力傾聽「客戶表達的需求背後的真正需求」，但卡片上實際寫的內容多為「已經表現於外的需求」。對於經常參加負責商品相關展會的企畫人員而言，有些是已知資訊，但即使如此，還是會發現吸睛的內容，讓人想發掘「這是什麼」。基恩斯員工以此種想法為種子，拚命思考商品的附加價值。

提問「相關資訊來自於多少客戶？」

在啟動與商品化核准程序的簡報中，基恩斯員工必定被問到的是「訪談客戶的件數」。這是為了從量化了解，企畫有多少內容是來自於客戶。

高杉表示「如果只有十件，企畫書不會被公司認可。雖然沒有標準值，但二十到三十件是極為正常的」。業務人員請客戶介紹決策關鍵人物的同時，拜訪被視為商品主要目標市場的客戶和可能使用商品的客戶，從中能漸漸掌握新商品可以提供多少價值。客戶有什麼困擾，以及背後存在著何種理由……。業務人員在日日與客戶的互動中看見需求，並更進一步深入發掘。

當然，或許可只透過拜訪十位精心挑選的客戶，就能盡可能評估出商品企畫案創造的價值，但這邊使用指標鼓勵行動的基恩斯，會根據經驗法則得知需要進行多少次訪談才能正確評估價值，便會要求員工按照該指標採取行動。

由於需要進行這麼多數量的客戶訪談，因此距離企畫案成形非常耗時，「通常需要一年左右」，高杉表示。

某家大型藥品批發商的系統負責人，如此回憶起數十年前基恩斯商品企畫來訪的情況：「基恩斯員工會說『我們開發了這樣的商品』而經常來訪。例如，可以讀取放在上方幾公尺貨架上某個盒子外條碼的槍型商品，拿過來的多是十分獨特的商品」。若是其他公司，企畫通常會與業務一同前來拜訪，但「基恩斯的企畫人員總是隻身前來，這很罕見。」

高杉指出，基恩斯在制定商品企畫時強調的是「減法」。一般製造商通常一邊比較競爭商品與自家商品的規格差異，例如「這件商品有其他商品沒有的功能」或「這家商品的尺寸較小」，力圖擴大差異。但如此一來容易流於在所有項目上都追求超越競品的「冠軍規格」為目標，結果導致設計與製造的難度提高，拉長商品開發時間，銷貨成本也會因而增加。

另一方面，基恩斯則是根據事先仔細研究的客戶需求為基礎，收斂必要的功能和性能，然後徹底強化這些項目。反覆訪談三十家左右的客戶，將過程中重複出現的需求歸納為三到五個項目，打造出「八成目標客戶會認同的商品」（高杉）。完成的商品特徵鮮明、易於銷售，並預期可降低商品的整體成本。

無須設定目標市占率

企畫書中沒有填寫市占率的欄位，這也是基恩斯的代表特色。這是因為基恩斯認為「市占率是結果，沒有意義」（高杉）。因此，「市場規模為一千億日圓，以三成市占率為目標，所以年度銷貨收入可達三百億日圓」的說明方式在基恩斯是禁忌。在基恩斯，必須以堆疊式的方法來說明：「我針對該商品的目標客戶，約訪了三十家，二〇%應該會購買。由於日本全國的目標客戶約為兩千家，所以利潤大約會是這個金額。」這背後的想法是，開拓潛在市場自然會增加市場規模，因此在當前市場規模中制定爭奪客戶的策略沒有意義。

提出企畫案時，必定會被問到的「額外毛利」。當推出與現有商品雷同的新商品時，可能會減少現有商品的銷售，因此在考量到產生負值的效應後，必須說明銷售新商品預期能夠增加多少額外毛利。

以開發費用兩億日圓的商品為例。假設商品開始銷售後，預計每月毛利為兩千萬日圓，則需要十個月來回收開發成本。此時，若公司的現有機種銷量下降而每月損失一千萬日圓毛利，額外毛利即為一千萬日圓。若以整體的淨額來思考，則需要二十個月才能回收開發成本。

在基恩斯，「多數狀況下要求十二個月內回收開發成本。雖然也有容許二十四個月才回收的前例，但這種狀況必須要提出相應的理由」（高杉）。確認投入新商品的成本效益檢視的是毛利，而非銷貨收入（銷售額）。而且，也需要考量新商品將對其他商品所產生的影響。正因為有如此充分的討論，商品開發的高層山口才能有「所有商品都是暢銷商品」的自信。

一位前員工向我們介紹了，某家大型自動車零件製造商向基恩斯下達禁令「禁止出入」的故事。

某家製造商打算訂購客製化設備，基恩斯業務表示無法承接。雖然這家製造商也聯繫了基恩斯業務主管交涉，但還是被婉拒了。客製化商品的優點是可以如預期銷售，但問題在於不能賣給訂購者以外的其他客戶。首先，基恩斯認為僅回應表現於外的需求所能提供的附加價值是有限的。無論客戶是否為大公司，他們都堅持理念：「不生產客戶想要的商品」的，這就是基恩斯。

企畫團隊與開發團隊針鋒相對，且參與到最後階段

至此我們已經見識了企畫部門耗時打磨商品企畫的過程，接下來說明Concept Synergy的高杉指出的第三個關鍵：企畫負責人會持續參與商品開發工作到最後階段。

實際進入到商品開發階段也可能出現技術上難以實現的狀況。如同本章開頭介紹的，也可能有開發負責人提出想法「試著追加這種功能如何」的情況。此時應該引以為據的判斷基準是「能否為客戶提供價值」。基恩斯的基本想法是，正因為有長期致力於調查客戶需求的企畫負責人陪跑，所以能夠迅速做出正確的判斷。

在二〇〇三年十月二十七日出刊的《Nikkei Business》的特輯〈基恩斯的祕密〉中，描述了企畫負責人與開發負責人之間的激烈交鋒。雖然篇幅有點長，我還是引用如下。

生產線或研發專家們，為世界帶來讓人不由自主想要購買、有用的感測器與測量儀，在現場實際產生利益，專注於「世界首創」。很久以前，在職業

棒球世界裡有這樣一句名言「錢會掉在球場上」。❹基恩斯的商品開發，則是去挖掘「掉在客戶生產現場」的金礦，以改善生產性與研究效率的方式，實現潛在的利益。

當然，在當事人身上看不到這樣沉重的壓力。「我們做出這樣的商品啊。哇，好厲害啊。客戶一定會立刻下訂，用這種方式讓客戶嚇一跳是我們最大的樂趣。」這是商品企畫NP組長角淵弘一與商品開發組長、擔綱設計的棚井直樹的雙人組合。他們在生產線使用的條碼讀取器（barcode reader）「BL系列」上，擁有超過十年以上連續創下「世界首創」與「業界首創」的實績紀錄。

（中略）

保險起見我想指出，角淵與棚井的雙人組合並未發明或推廣條碼讀取器的技術。現在在超市或便利商店的店頭隨處可見的條碼讀取器，最初使用於流通或物流據點的商品管理或結帳上，是一九八〇年代便已投入實際應用的技

❹ 譯註：日本職業棒球知名教練鶴岡一人的名言，指職業棒球選手活躍在球場上才能賺錢，延伸為提醒選手應重視與提升職業意識。

術。而基恩斯一直以來致力開發的是「適用於生產線的專用條碼讀取器」，這與在超市店頭所見的條碼讀取器，是毫無相似之處的高難度商品。

回顧一九八九年開發出一號機時，角淵這樣敘述：「當時，我在客戶的工廠看到他們勉強將體積大、準確度低，而且價格又高的流通業用條碼讀取器放入生產線中。由於生產線上的產品會不斷移動，讀取器與生產線之間隔著一段距離。因為那部機器是在超市使用的機種，無論如何準確度都不夠。若把條碼讀取器變小型，需求必然存在，我對此深信不疑。」

基恩斯的商品企畫人員會重複初步基本步驟：前往現場、調查現狀。角淵也是如此，他拜訪過少說數十家，多時高達百家的客戶，深入生產線，持續探詢隱藏於客戶的真實心聲。

「體積能不能更小一點？」「我們家傳送帶，反應速度再快一點會更好」客戶提出的只是出於直覺的粗略印象，並未說出可以直接當成開發規格的具體數字。多小算小呢？速度需要多快，客戶才會滿意？基恩斯判斷不超過規格的最適範圍，將客戶心聲表現在商品中。換言之，此種「最大公約數化」的開發能力正是基恩斯的精髓所在。

「辦不到，不可能。」時間落在九〇年代後期，對於角淵提出的開發目標「尺寸一半，能力提升一．五倍」，棚井不加思索地高聲反對。畢竟，要將每秒最高三百次、通常每秒一百次的讀取次數，一口氣提升到每秒五百次，而且同時還希望商品體積要縮小到先前型號的一半。即使在公司內部，甚至也出現了「規格過高，白白增加成本」的反對聲浪。

不過，角淵有得自拜訪一百家客戶、詳細掌握客戶需求的自信。「接下來所有商品都會往小型化發展，生產線速度將變得更快。隨著條碼讀取條件的惡化，提升商品性能是唯一能夠跨越障壁的方法」。角淵把棚井帶到現場，實際聆聽客戶的意見，成功說服了棚井。

「好吧。雖然說要做，不過連零件都得從頭開始開發，例如轉動用於反射雷射光的多面體反射鏡的馬達等。規模從大到小，日本全國總共超過一百家以上，可以製造名稱帶有馬達一詞商品的公司，我一家一家打電話詢問試作模型事宜。」棚井苦笑。（中略）這對著名的二人組目前正在準備打造他們下一個「讓客戶吃驚」的新商品。

尋找隱藏的客戶需求並將其轉化為商品企畫的企畫人員，與為了實現企畫而努力不懈的開發人員，以及兩方為了找到最適解決方案而毫不妥協、反覆調整的態度。這應該是基恩斯從往昔到現在都沒有改變、內部維持一貫的風景吧。

堅持「即時交貨」，就算新車也可以隔日交貨

「所有商品當天出貨」「所有商品均有庫存」……。基恩斯網站上跳出這樣的銷售文案，「即時交貨」也是該公司的象徵之一。

被公司內外稱為「即納」（日文發音為sokuno）的制度，指的是在收到客戶訂單的當天出貨的「當天出貨」。與經由代理商等路徑的製造商相較，當客戶「想要」某種商品時，能夠立刻取得商品也是基恩斯提供的附加價值之一。由位於大阪高槻市的物流基地統一管理日本全國的訂單，負責處理從開立發票到出貨運輸等所有相關事宜。

若客戶向業務人員下單，商品會在當天直接交付給客戶。

大家可以將基恩斯即時交貨的制度想像成美國亞馬遜（Amazon）的會員制服務「Amazon Prime」：今天下訂，快的話明天就能收到包裹。亞馬遜的創新之處，在於整備出可以快速送達書籍或家電等各式各樣商品給消費者的平台系統。而自創業以來，基恩斯一直致力於讓自家業務用商品當天出貨。

二〇二一年冬季的某一天，晚上十點左右。某位基恩斯員工在靠近新大阪站的一家居酒屋大啖烤雞肉串時，開始說「為什麼基恩斯會如此成功？原因之一就是角色分工」。他離開在當地被稱為「不夜城」的公司總部，在下班後匆匆趕來居酒屋。

該位員工繼續道，「業務人員只要專注於銷售即可，公司運作機制非常清楚。開立發票與安排運輸等業務也由專家徹底負責。與業務同時要負擔這些工作的其他公司相較，或許能夠專注於銷售商品的基恩斯業務更具優勢」。

在銷售業務上，經常有「能夠確實收到貨款才算是獨當一面的業務人員」的說法。但基恩斯的業務人員基本上，並不像其他公司的業務實際參與收款與交貨的環節。如同大家第二章所見，一週有數天不外出的內勤日，業務人員埋頭苦幹打電話給

位於大阪高槻市的基恩斯物流據點「物流中心」。

客戶或準備接下來的商務會談。該名員工表示，「『即時交貨』促進銷售，對基恩斯的高利潤率有所貢獻」。

針對此點，競爭企業的業務人員羨慕地表示，「在工廠自動化業界完善建立起當天出貨機制的唯有基恩斯。管理無法即時出貨的商品交貨時期，對業務人員而言造成莫大的負擔」。狀況嚴重時，業務人員花在調整交貨期上的時間，比實際從事銷售的時間還多。

「京都大學研究所的農場以前就在附近，後來搬走了。因為這邊挖出了考古遺跡，就是那個安滿遺跡啦」。從ＪＲ高槻站搭乘計程車沿國道行駛，不出十分鐘可以看到一棟銀色、像無機物質的建築物。建築物的頂端有紅黑兩色的「KEYENCE」標誌。這是成立於二〇〇七年的「物流中心」，一手包辦了基恩斯的當日交貨。

「嗶嗶嗶……」。從一樓設有可供卡車裝卸空間的大樓中，可以聽到行駛中的車輛對周圍發出的警告聲。白色紙箱被基恩斯員工一個接一個地裝載到卡車的箱形車廂上。紙箱上還有熟悉的 KEYENCE 商標。由於商品都是精密儀器，可以看出處理紙箱的人員非常仔細小心。

背後可見丘陵與偶爾駛過的阪急電車風景十分悠閒，但卡車熙來攘往十分忙碌。在幾分鐘之內，名鐵運輸、佐川急便、福山通運等物流公司的車輛，紛紛從建築物正對面的一七一號國道駛進物流中心。

這棟建築物存放著基恩斯型錄中列出的所有商品，商品從這裡直接運送給日本全國各地的客戶，有時也會以空運的方式寄送至海外客戶。

一千五百萬的商品一樣即期交貨

令人驚訝的是，型錄上的所有商品都可以即期交貨。基恩斯的商品種類超過一萬種以上，從數千日圓到數萬日圓不等的工廠用感測器，到價值一千五百萬日圓的顯微鏡等高價商品，種類十分廣泛。所有品項隨時保有庫存，無一例外。

前面提到的基恩斯員工表示，「就像你今天訂購一部ＢＭＷ汽車，明天就能夠交車一樣」。高級車在下訂後，想當然耳交貨需要等待半年左右。相較之下，基恩斯的「所有商品即時交貨」訴求顯得非常特殊。「最快明天即可到貨」的形象，會讓客戶興起「我們先和基恩斯談談吧」的效果。

工廠生產線使用的感測器無可避免地會發生故障。若沒有替換用的感測器備品，則別無選擇只能關閉生產線，直到製造商送來新的感測器為止。但生產線停工一天，依據商品種類或規模大小不同，有時可能會導致無法生產價值數千萬日圓到數億日圓的商品。萬一需要一到兩週才能交貨，損失將非常巨大，這就是製造商持有大量感測器等零件備品的原因。

若工廠使用的商品是由基恩斯所製造，那麼若沒有庫存也能夠在隔天收到商品。

那麼工廠就會覺得一碰到困難，「聯絡基恩斯總會有辦法解決」，這對客戶而言是極其重要的附加價值。

基恩斯雖未公開即時交貨率的數字，但業界人士表示「在日本國內的即時交貨率可能是九九・九％」，而在海外市場則推估為九五％。

比起眼前的利益更重視當天出貨

庫存增加會減少現金流，廉價出售或處分未售出的庫存將導致利潤率惡化。為此，許多製造業都將重點放在盡可能降低庫存上，其中最極致的做法是完全接單生產制。如此一來不僅不會生產不必要的商品，而且由於生產結束後將立即銷售，因此不會對現金流造成壓力。然而，在生產時程內讓客戶必須等待包含採購零件的時間，是必須面對的問題。

而基恩斯為何選擇囤積庫存？某位基恩斯員工解釋，「這是因為當日出貨的優先順序絕對比眼前的利益更高」。他們的想法是，若基恩斯繼續保持其他公司所沒有的價值「若跟基恩斯買，他們能立刻提供商品」，便能夠維持商品價值，從而提高長期利潤率。

社長中田有也承認了對即時交貨的堅持，他在二〇二一年接受《Nikkei Business》總編採訪時，提到以下內容。

我們強烈堅持必須「當天出貨」。全力整合從業務到生產管理、採購、物流與合作廠商等各個面向，這是我們與其他公司壓倒性的不同之處。儘管到目前為止曾經面臨許多危機，但我們執著於當天出貨，累積了許多工夫與經驗。數十年來我們持續思考如何預測產量與進行庫存管理，也具備了在出現問題時的應變能力。

即使在新冠肺炎疫情期間，出現了暫停採購與生產、當天出貨面臨危機的情況，但為了防止延誤出貨，基恩斯動員了公司內外將近一百位的關係人，努力奔走讓零件採購與生產保持穩定。社長中田也不時親自造訪現場，持續鼓勵工作人員。

然而，即使說要「備有所有商品的庫存」也絕非易事。這是因為毫無節制的生產與持有大量無法銷售的庫存，將導致利潤率大幅惡化。一位曾在基恩斯生產領域工作的前員工強調，「他們縝密且同時思考：需求預測、原材料採購的固定前置天數（lead time）與生產固定前置天數這些因素，打造出不會耗盡庫存的運作系統」。

而承擔此重責大任的是位於總公司大樓七樓的生產部門。他們負責的工作如下：從配合商品特性在多個合作工廠建立生產線，到安排配送零件、擬定生產和出貨計畫、管理生產工程、管理出貨等程序後，將成品送進物流中心。團隊成員從過去經驗中熟悉哪些零件可能會成為製程的瓶頸，一邊觀察一萬多個品項每天的數量變化，並規畫隔天的生產與零件訂購。

某位基恩斯員工以「即使要花上十萬日圓的成本，也要保證一萬日圓的商品能即時交貨」來表現對即期交貨的執著。若碰上某件商品可能來不及出貨，「有時會讓員工乘坐新幹線去非都會區取零件，或是讓合作廠商緊急生產來因應」。基恩斯珍視「即時交貨」的招牌可見一斑。

百家公司中有二十家轉向選擇基恩斯製造

提供機器人系統建置服務的 Mechatro Associates 股份有限公司（石川縣小松市）的社長酒井良明，提到自己被基恩斯的即時交貨系統所「拯救」。Mechatro Associates 是一家接受食品或建築資材、飛機用零件等各式各樣製造商工廠的委託，建置機器人系統的企業，採用了基恩斯商品，像工安用感測器、影像感測器、控制設備動作順序的 PLC 與伺服馬達等。

二〇二一年半導體的供應量明顯短缺，基恩斯也因無法備齊零件而出現了出貨較正常時期延遲的情況。儘管如此，在其他公司都聳聳肩表示「下次的出貨時間未定，至少半年內都很困難」的狀況下，唯有基恩斯明確提出了預計到貨日期。

由於三菱電機與歐姆龍商品受歡迎的程度根深柢固，許多 Mechatro Associates 公司的客戶也往往「不想更換一直以來使用的廠牌」。因為供應商愈多，必須持有的備品種類就會增加，並且需要花更多工夫與時間來學習如何使用。

「我們就算只缺少一個感測器，也無法向客戶交付系統，銷售也沒辦法成立。」感覺到危機的酒井，如此告訴他的客戶：「其他製造商表明暫時無法出貨，能夠請您更換為基恩斯的商品嗎？基恩斯的業務人員可以直接向您說明。」

一開始意願不高的客戶，在基恩斯員工多次拜訪後，態度也產生變化。基恩斯的業務人員對客戶謹慎仔細地提出建議：「這種場所有環境光，會造成感測器的準確度下降。」酒井回顧，「在業務人員提供無微不至支援的過程中，客戶逐漸產生了替換成基恩斯商品好像也不錯的想法」。

在基恩斯員工成功說服的企業中，不乏某些在製造業中以「保守」而聞名。在Mechatro Associates公司約百家的客戶中，酒井透露「在過去一年左右的時間，約有二十家從其他公司的商品轉換為基恩斯製品」。原本可能因無法採購零件而導致機會損失，但最終靠著轉換為基恩斯製造而順利過關的案件銷貨收入，占整體業績的七成。酒井如此預測：「基恩斯有許多商品對任何人來說都非常容易上手。由於許多人一旦使用過一次便能體會到這一點，因此導入基恩斯產品的地方將會持續增加。」

儘管「無廠」，也與合作廠商建立好關係

基恩斯專注於透過商品為客戶帶來附加價值，但它也非常注重生產。一位員工表示「基恩斯壓低成本的能力令人驚嘆，這就是製造的力量」，以此凸顯基恩斯身為製造業企業的實力。讓我們仔細看看，沒有工廠的「無廠」（fabless）基恩斯是如何講究生產的。

實際上，基恩斯有一家「工廠」，是由基恩斯百分之百持股的全資子公司「基恩斯工程」（Keyence Engineering，位於大阪府高槻市），主要負責基恩斯商品的維修、分析與製造設備的設計，但也處理開發商品的試作與初期量產。基恩斯工程製造整體基恩斯商品的一成左右，確定量產方法後其餘的九成則委託其他合作廠商生產。

若檢視二〇二三年度的有價證券報告書，「本期總製造費用」為一千四百八十一億日圓。其中材料費約占四分之三，為一千一百一十九億日圓。外包加工成本為二百零三億日圓，略低於總製造成本的十五%。

基恩斯工程一邊詳細驗證「此種組裝方式可行嗎」「這項作業需要多少工時」等細節，一邊確立量產方法。不僅單純委託製造，擁有一家了解製程與成本的公司，還能發揮「監視」外包廠商的作用。某位前員工苦笑表示，「我曾被合作廠商說，別幹這種事（指成立基恩斯工程）」。

解釋目的並仔細傾聽

基恩斯委託外包製造的公司達數十家規模，主要集中在日本關西地區，多數卡車行駛數小時內都可抵達，其中大半公司也接受一般電機製造商的訂單。

具有製造基恩斯商品經驗的公司表示，「一般公司委託業務時，通常給完規格書後就完全放手不管，但基恩斯則是連『這個部份很難製造』等兼職員工的意見都會反應」。

在基恩斯擔任過生產管理部長的前員工也承認，「在傳達說明製造方法時，不僅是員工，也必然會向兼職人員解釋每個流程的目的，例如『請在此處放置多少量的黏著劑，因為我們想要在這裡插入這種零件』」。

如此一來，負責該流程的兼職人員有時也會建議不同的做法，「若覺得對方提議的方法更有效率，我們全都會採納。我們本身當然會盡力思考最佳方案，但沒有必要放棄發現更好方法的機會」。若開發團隊準備的檢查裝置的可用性與實際生產現場不符，團隊會與負責開發的成員協商並進行改善。

基恩斯的商品分布屬於極端的少量多種模式，製程中需要大量的手工作業。「當我說明這樣擺放可以更有效率地檢查並確保品質一致時，對方能接受並決定這樣做」（同）。這完全就像同公司員工之間的對話溝通。這位前員工如此回顧，「我經常和協力廠商的人談論（製造理念）『後端製程等同於客戶』，這句話最初是上司告訴我的，他是（創辦人）瀧崎的直屬部屬」。基恩斯的生產鐵則是與合作廠商的員工和兼職人員密切合作，並且持續改善。

此外，該名前員工又補充說明，「若不與合作廠商建立『雙贏』關係是不行的，我們明確提出『附加保證購買一年分』『縮短交貨期時，會確實支付增額薪資與加班費』等條件後，按照當初計畫發包。相對於此，我們也會拜託合作廠商業要確實完成工作。上述狀況如無法成立，可能有『離婚』的危機。我常說『與商業夥伴的關係就跟夫妻一樣』」。

根據三菱ＵＦＪ摩根士丹利證券的資深分析師小宮知希估算，代表基恩斯從購入存貨到售出所需時間的「應付帳款周轉天數」為四十三・三天（二〇二一會計年度），而從向客戶銷售到實際收取價款所需時間的「應收帳款周轉天數」則為一百六十九・一天（同會計年度）。一般企業出於資料調度的考量，多會在二者間取得平衡。例如，歐姆龍的前者數字為七十六・二天，後者為七十二・六天（皆為二〇二一會計年度數字）。這表示相較於其他公司，基恩斯較快支付款項給供應商，向客戶收款的腳步則比較緩慢。而且在支付款項給供應商時，會以比開支票更好的條件，即以現金轉帳的方式付款。

針對此點，小宮指出「我認為這或許是出於，當遇上災害或貿易衝突等意外緊急情況時，基恩斯仍能最優先獲得零件供應的考量」。在平常就預先以好條件與供應商打交道，也是基恩斯能打造即時交貨系統的關鍵。「為了產出最終利益，該支付成本時就確實支付。這是一種非常合理的『友好』方式」（小宮）。

不漏過所有零件來削減成本

基恩斯在材料採購上的嚴格要求做法也是理所當然。另一位在生產領域工作的前員工提到，「我們會與開發部門、供應商討論所有零件，看看是否能夠降低採購價格，即使只有一點點」。

這並非什麼特別的工作流程，而是為了實現所需功能而追求能夠降低多少成本的「價值工程」（value engineering, VE）。通常，價值工程多以占總銷貨成本比例較高的零件為重點進行，但在基恩斯，「我們需要證據，證明是否所有零件都將成本削價納入考量」。

「以最少的資本與人力，實現附加價值最大化」。基恩斯員工擔負開發商品、將商品交付給客戶的角色，他們持續不斷在探問自己是否徹底依循此一經營管理理念。

第 4 章

貫徹「邏輯推理」的公司文化與規律

「每個人都是老闆」，透過獎金培養經營管理意識

二千零六十七萬日圓是基恩斯二〇二三財報會計年度的平均年薪數字。這個金額直逼以高薪著稱的三菱商事等綜合貿易公司的水準，是日本國內上市企業中薪資最高的前段班。

大家聽到「年薪超過二千萬日圓」，可能會浮現根據績效而薪水大幅改變，員工必須承受巨大壓力的印象。然而，令人感到意外的是，人資部經理齊藤雄介表示，基恩斯「並未採取所謂的績效主義」。據其所言，基恩斯「不僅關注績效，也很重視員工是否遵循了能夠連動到績效的良好作業流程」。

基恩斯原本就會按一定比例將營業利益以業績獎金的形式支付給所有員工。基恩斯雖未公布多少比例，不過某個前員工證實「約為一五％」。

某位前員工這樣描述，「在基恩斯，每位員工都覺得『自己是老闆』」。若公司整體的業績提升，則一般員工的獎金也會大幅增加。正因如此，每個員工關心的不僅

僅是自己的績效，還包括公司的整體績效。

業績獎金每年支付四次，社長中田有對此表示「這麼做讓員工更容易即時感受到公司的業績表現」；人資部的齊藤則認為「所有員工都有參與管理的感覺，積極主動地工作，這絕對是基恩斯的優勢」。

行動與結果占考評各半

在外資企業，若員工個人拿出一定程度以上的成績，公司會提供額外的獎勵。然而，齊藤解釋「基恩斯不這樣想，因為如果只看結果，人事考評便會受（因時期、產業別與地區不同而異的）客戶景氣而波動」，因此「我們重視的是採取了何種行動」（同）。

考評行動占比依職位而異。針對年輕員工往往更注重行動，隨經驗積累，成果占比會變得更加重要。業績獎金的金額大約一半根據考評行動所發放，另一半則由結果所發放。

如同第二章所提到的，業務部會根據拜訪客戶的次數、展示商品的次數等的實際成績來考評。高重複訂購率商品較多的事業部，可能還會加上「重複訂購率」等的指標。基恩斯整體的特徵是設定ＫＰＩ、將行動加以可視化，並將其應用於行動導向的人事績效考評上，這種做法並不僅限於業務部。某個前員工對基恩斯有如此評論「沒道理培育不出人才」，的確這種人事評量制度也是能孕育人才的背景因素之一。

過去基恩斯曾嘗試對外銷售重視行動的人事考評系統，在東京車站附近租借了辦公室，打算建立為製造業介紹軟體人才的轉職網站事業。

本業是銷售感測器，善於解析與分析的基恩斯，隨著軟體在商品中的重要性與日俱增，「曾挑戰是否能『感測』公司內部工程師的能力」（基恩斯前員工）。

當時關注的重點果然是行動。基恩斯了解到透過將程式設計行為可視化、作為指標，並加以比較，便能夠看出員工的能力；因而認為創建讓希望轉職的人才接受程式設計測驗、展示自己能力的轉職網站很有趣。

最終，由於受到二〇〇八年雷曼兄弟金融危機造成景氣低迷的影響，基恩斯放棄了這個商業化的構想，但「每天的行動都會聯結結果」的概念，不論是當時或今天都沒有改變。這是一種徹底重視「感測」的組織文化。

即使工作辛苦，員工仍被高度考評

那麼基恩斯員工又是怎麼考評基恩斯的呢？讓我們來看看轉職、就業資訊平台「OpenWork」的相關討論。基恩斯員工的「公司考評分數」在滿分五分中得到四・三分的考評（二〇二四年九月）。OpenWork的業務負責人說明，基恩斯在同網站中登載的六萬兩千五百五十四家公司中，是「位居前一％的高度考評」。

此處的評分項目有八項：「待遇滿意度」「員工士氣」「開放溝通的程度」「員工的相互尊重」「二十多歲的成長環境」「人才的長期培育」「法令遵循意識」「人事考評的適當性」。基恩斯幾乎在所有指標中都大幅超越業界平均數字，特別是待遇滿意度四・七分；二十多歲成長環境四・六分；員工士氣四・四分；人事考評的適當性四・一分最為突出。基恩斯所屬的「半導體、電子、精密機械業」的平均數字則分別為三・二分、三・〇分、二・八分、二・九分。比較這些數字，差異顯而易見。

每個月的平均加班時間為五十七・五小時，超過業界平均值兩倍。有薪假的使用率也低於業界平均二十六・五個百分點，是三二・八％。工作辛勞的狀態十分明顯，但仍獲得員工高度評價。實際從基恩斯轉職到其他上市公司的前員工表示，「若考慮到工時薪資比例，我現在任職的公司才是黑色企業」。

OpenWork 的業務負責人如此分析，基恩斯「獎金權重高，且具有公司獲利就會將利潤分配給員工的機制。因此在平台上經常可見願意為公司利益做出貢獻心態的員工評論內容」。

員工的實際評論包括：「許多員工受薪資激勵，自然而然採取提高業績的行動，因此更進一步提升了績效並帶來更高的薪資，基恩斯持續創造出這樣的良性循環」（業務，應屆畢業就入職）；「組織文化不鼓勵維持現狀，對於想要不斷提升自我技能的人才而言，我認為會從公司獲得高度的工作成就感」（業務，任職十至十五年，應屆畢業就入職）。

徹底重視效率的管理制度也獲得好評。「包含計算公式在內，將利潤回饋給員工的機制公開透明，所以所有員工都能理解追求效率性與合理性，自己的收入就會增加，因此不平或不滿的聲音出奇地少」（管理部，應屆畢業入職）。

然而，女性是否容易在基恩斯工作、工作與生活是否能平衡仍是議題。「由於工時長，男性員工比例較高。女業務一到結婚或開始育兒的時間點便會辭職，這樣的聲音也很多」（OpenWork）。

員工時間也是重要資本的「時間要價」

「今年的『時間要價』是〇〇〇日圓。」每個新會計年度開始，基恩斯全公司便會共享此資訊。這是將前年度產出的附加價值，除以全體員工的總工時所得出的數字。

這裡的附加價值，幾乎等同於銷貨毛利數字。換言之，所謂的時間要價（time charge）是代表員工人均每小時可產出多少毛利。基恩斯員工在進行日常工作時，會將一小時應產出的毛利數字牢記於心。

董事山本寬明表示，「時間要價是公司給員工的訊息，希望讓員工多加留意時間的運用」。

「許多公司非常關注花出去的金錢，並試圖削減開支。這固然很重要，但現在正運用的時間也是非常重要的資本」（山本）。基恩斯這麼做的目的是，希望讓員工留意到若浪費時間，則無法實現經營管理中「以最小資本獲得最大附加價值」的理念。而且，從新進員工時期開始，就必須讓員工徹底了解此點。

某位員工提到「時間要價的思考方式或許罕見，但在公司內部大家都非常在意」。正因為知道「這一個小時應該產出的附加價值」，所以會優先執行能夠帶來利潤的行動。

以書寫專案企畫書為例說明，在基恩斯會寫下執行與管理專案需要多少工時，以及預計向包商支付多少金額等資訊。此時，若有像簡單的資料輸入這種使用外包服務比自己的時間要價更便宜的情況，則會選擇外包。員工的基本想法是，要避免把時間花在任何低於時間要價的情況。

前面提到的基恩斯員工繼續表示，「在建立（專案）團隊時，將時間要價納入考量是理所當然的」。若某人的工作方式是無謂地增加專案成員人數或重複召開創造不出多少價值的會議，那麼周圍的人恐怕會冷眼以待，覺得他是「缺乏時間要價觀點的人物」。

時間要價的觀念之所以能深植於員工之間，固然可能是員工較為自律，但應該也與基恩斯薪酬的決定方式有關。

如同本章開頭所說，除了基本薪資之外，基恩斯還將一定比例的公司利潤作為績效獎金發放給員工。若員工自己或周圍的人採取了創造附加價值的行動，而公司的業績也因而提高，那麼收益最終也將回饋到自己身上。

若員工認為「自己創造出高於時間要價的附加價值，也未必能得到相對應的報酬獎勵」的話，那麼軍心就會逐漸潰散。可以說基恩斯透過設定員工業績獎金回饋的比例與計算透明等制度，讓員工產生「只要付出就會得到回報」的認同感，成功吸引員工對工作投入心力。

機制自一九九〇年代以來從未改變

某位基恩斯的資深員工解釋，「時間要價的概念源於一九九〇年代」；他接續指出，「我認為基恩斯在早期階段，便在人事與考評制度的設計上下了很大工夫。從當時（九〇年代）起，機制本身就沒有太大變化，現在的利潤來源早就已確立」。基恩斯並非獲得豐富利潤後才變更為現有制度，而是很早就整備、建立了一套制度，讓公司能夠順暢營運，從而增加利潤。

二〇〇三年，在接受《Nikkei Business》總編輯採訪時，創辦人瀧崎武光被問及「您創業時是否參考了什麼企業或經理人經驗？」時，他提到「我讀了非常多書，每次讀到覺得『啊！原來如此』都獲得了深刻的影響，我很早就想要創業了」。他可能從過去的經營者身上學到很多，如何將員工的力量轉化為附加價值的做法。

時間要價的觀念深入員工人心，這一點從社長中田有的言論也可窺知一二。

我是以業務人員的身分加入公司的，每次與前輩交談，他們總會問我：「這麼做的目的是什麼？」這些是家常便飯都會被問到的問題：今天去哪裡的目的是什麼？為了達成此目的最好應該怎麼做？透過前輩頻繁、重複提問，我自己也自然會開始思考今天的目的是什麼。這樣的對話便代代傳遞了基恩斯的傳統。

經常留意自己的行為目的，即創造附加價值，也就是基恩斯的「價值觀、工作觀」中「伴隨目的意識的行動會產生結果」。

即使我與基恩斯前員工交談，對話中也會頻頻出現「目標意識」、「目的意識」與「問題意識」這些詞彙。江山易改，不過來自過往工作經驗的本性難移。基恩斯員工不斷探問自己目前的行動是否符合設定的目的，而時間要價似乎可以當成實現此目的的指標。

會議席次依進辦公室順序決定，對後進也使用尊稱

「稱謂嗎？完全不會用到耶。會議室的位置怎麼坐也是隨進會議室的順序決定，完全不用在意誰比較早進公司。每個人都用敬語和所有人交談，也沒有必要根據年齡輩分而改變說話方式。」

社長中田有如此說。基恩斯在描述自家公司時，經常出現「開放且扁平的組織文化」的詞彙。社長中田的解釋理由如下，「若這樣徹底執行，階級觀念便會消失，個

人就能夠隨心所欲地表達自己的意見」。

如同在說明業務部門運作架構的第二章所提到，在模擬與客戶會談互動的「角色扮演」中，並非單向的由資深員工指導資淺後進，後進也經常提出改善方案。員工關注的是「能夠帶來多少附加價值」的結果，以及可以採取哪些行動更進一步接近這個結果，因此基於年齡長幼與職位高低的「面子」沒有介入的空間。

在這樣的基恩斯底下，員工之間如何溝通？「在基恩斯，我被教導『盡可能用數字表達你所知道的』」，基恩斯前員工、現為革新顧問公司執行董事的田尻望如是說。這雖然不是明文規定，卻是員工共識。

田尻提問我：「請思考以下說明是否適當」「聽到這段說明後卻沒有立刻認為『有問題』的人，在基恩斯可能會在溝通上遇到困難」（田尻）。

> 這個商品目前有五十個庫存。為了避免缺貨，希望公司批准在三天內下訂單。今天賣出了數個商品，從下訂到出貨需要幾天時間；交貨又需要額外一天的配送時間。每筆訂單的最小訂購量為五十個。

大家乍聽之下或許會覺得這段說明包含了所有的必要資訊。然而，經過仔細檢視，可以知道缺少得出結論所需的必要資訊。

首先，一天售出數個商品，具體而言是幾個？從下單到出貨需要幾天時間，具體而言又是幾天呢？此外，也不確定供應商能接受訂單到幾點。在這種情況下，還需要知道發出訂單需要多久供應商才會收到。除非事先說明清楚上述資訊，否則同事無法判斷。

說明中若沒有呈現數字或省略了邏輯推理，就必須來回確認，會拉長得出最終答案的時間。「這看起來雖然是一件小事，但在一個組織內部，重新檢查與確認會重複發生數千次、數萬次，這是大幅降低組織生產力的負面因素，基恩斯的員工皆具備此種觀念」（田尻）。基恩斯員工對話時，一定要留意自己「可能會被問到這些問題」。這與記者寫文章時被要求的邏輯結構相同，這意味著基恩斯在日常對話中便非常重視這一點。

這就是為什麼基恩斯員工極度厭惡留下不明確之處，我們記者在和基恩斯員工溝通的過程中，也曾數度出現「希望您明確釐清流程」的狀況。

「流程」是政府單位等的公務員經常使用的詞彙，指的是在何時、做什麼等實務順序。基恩斯員工仔細詢問記者，必須在何時完成哪些流程才能順利達到最終目標。他們似乎是一邊滴水不漏地確認，並在腦中描繪出工作期程，思考在公司內部如何調整。

一位大約十年前還在基恩斯工作的前員工回憶，「我覺得當時有一種強迫將所有事物轉換為數字的文化」。就拿促進銷售的企畫書為例，必須寫明以下項目的規則：參展的成本效益、收集到多少張客戶名片，以及需要進行多少銷售跟進才能聯結到銷貨收入。

基恩斯在與客戶往來交易或內部溝通時，制定具體的計畫，不留下任何模稜兩可，並根據該計畫進行討論。這些工作術似乎已經深入落實到所有員工身上。

私藏資訊「不酷」，共享當道

「（私藏資訊的狀況）雖然不能說是零，但（與其他公司相較）我認為應該少很多。」這是我向社長中田有詢問員工資訊共享議題時，得到的答覆。

記者長久以來一直有「不透露消息來源」的文化，除了為了保護資訊提供者，這麼做也是基於「獨家報導是自己跑來的」「目前報導或許會延伸出下一次的獨家報導」的思考邏輯。公司外部就不用說了，甚至不會告訴公司內部可能成為自己競爭對手的人。我深受此種文化薰陶。

業務也是為求獲利需要眼明手快的世界，我曾認為在基恩斯也會有同樣獨占資訊的狀況。正因如此，中田社長的發言令我感到十分意外。不過，反倒是中田社長對於我提問背後的意圖感到不可思議，「因為最重要的目的是基恩斯整體能夠對客戶有所助益，不分享資訊反而很奇怪」。

基恩斯某個事業部的前員工表示，「公司曾經有一個共享銷售資訊的內部網站」。在線上公布欄上，業務人員會發布以何種模式收到訂單、何種商品的使用方式得到客戶好評等資訊。這可視為基恩斯的目標在於橫向傳播業務人員的成功。

當尚未累積專業知識的年輕員工提問「這個我不懂」時，來自全國各地的資深員工都會解答。它有如入口網站上的留言提問網頁，就只是單純設置在那，並沒有多活絡，但有發文累積積分的機制，積分多的人還有機會獲得表揚。基恩斯透過建立這樣的機制，鼓勵分享專業知識。

基恩斯不僅希望共享個人層次的知識，如同第二章所說，也希望藉由分析累積的資料，導出「採取哪些行動離成功更近」的組織層次知識。由於詳細記錄下自己的行動，自己如何行動成為大家的指南，員工應該會了解隱藏訊息反倒會對自己產生負面影響吧。

社長中田表示，「根據我個人的經驗，比起行為（指私藏資訊）本身是否會受到評判，如果有人做了這樣的事情，會被大家認為『太老土』，而這一點可能還更嚴重」。

然後，他繼續提及「以足球選手為例，如果防守球員（不顧四周）一股腦地想要射門得分，大家的反應應該是喂喂喂，等一下等一下吧。你要霸占球到什麼時候？在基恩斯不會發生這種事情，因此共享資訊非常普通」。

在共享資訊的組織文化上，瑞可利集團（Recruit Holdings）被認為與基恩斯極為相似。許多人聽說該集團有「共享知識很帥氣，所以大家會主動分享」的文化。激發個人自主行動的瑞可利組織文化，以及具有事先定義行動，再以機制貫徹的基恩斯組織文化。兩家公司的風格雖然不同，但在想要培養員工共享資訊的組織文化上十分雷同。

兩家公司的前員工之間的感情很好這一點上，也非常類似。藉由「共享」可以看出周圍同事在努力什麼，自己也跟著奮發向上，或許隨著時間由「共享」轉化為「共感」。「就像戰友一樣啊」，從基恩斯前員工的話語中，我可以感受到他們的運動家精神。

公司內部也有國稅局機關？「內部稽核」目光如炬

本書雖然寫了基恩斯員工們理所當然填寫的「外報」、在SFA中鍵入資訊，但難道員工不曾鬆懈嗎？基恩斯的基本思考方式是藉由徹底地將員工行動「可視化」，以及對該行動支付「報酬」（予以考評）的機制，來引導員工往好的方向發展，但並非僅是如此。實際上，基恩斯還制定了剎車機制。

「人毫無預警地突然闖入，就像國稅局突擊查核一般，完全出乎預料。」某位前員工提到的，是被稱為公司內部的「風紀股長」團隊所執行的「內部稽核」。基恩斯的永續發展相關資料有以下內容，「內部稽核團隊：設置專責的內部稽查團隊，以日本國內外各據點的業務與資源運用的適當性、效率性為中心進行內部稽核，定期或在必要時向執行董事報告稽核結果與其他相關資訊」。

基恩斯內部稽核有多種類型，例如針對業務稱為「銷售稽核」，針對海外業務則稱為「海外稽核」等。負責稽核的團隊會定期、無預警地突擊檢查工作現場。稽核團隊由具有管理經驗的員工擔任，他們熟悉員工在哪個環節較常提出假報告。

某位前員工表示，內部稽核會提出這樣的內容，「你為了在○點○分拜訪這位客戶，沒有在這個時間點以前經過這個收費站是來不及的吧。這跟ＥＴＣ的紀錄有點不一致啊」。除此之外，諸如「從手機的基地台可以得知你約略的位置，這跟你在外報中記錄的客戶場所一致嗎？」「這是不是透過撥打傳真號碼來膨脹通話數？」等，稽核團隊會從各種不同的角度進行檢驗。若是明顯的偽造假報告，甚至可能被處罰。

一位資深員工開玩笑地說，「開始遠距居家辦公後，公司配了電腦。公司就算為了確認員工『有沒有好好工作』，而按了哪個按鍵、按了幾次都不足為奇，但實際上公司應該不會這種功夫吧」。

錯誤資訊無法產生正確的策略

只看到這些內容，你可能會覺得在基恩斯工作就像進入了極度可怕的「監視社會」吧，但事實並非如此。

「歸根究柢，基恩斯的目的是為了維持秩序與組織文化」指出這一點的，是基恩斯前員工、Concept Synergy 的執行董事高杉康成。其他前員工也回顧，「基恩斯根據所有行為數據來決定個人、部門和全公司的策略。若有假報告參雜其中，就會導致錯誤的管理決策，所以如實報告很重要」。

基恩斯的公司文化與此密切相關。上述前員工指出「基恩斯是一家極度厭惡說謊者因說謊而受益的公司」。反過來說，嚴格檢查員工是否說謊與正確考評員工是否誠實是一體兩面。

這並不意味著員工必須勉強自己埋首工作。若因為睡眠不足而導致意外發生是賠了夫人又折兵。如同某位前員工所說「若因體力不支需要小睡片刻，只要如實記錄就沒問題」，這代表唯一要做的事情就是正確報告事實。

若統計數據中包含假資訊，那麼無論如何仔細分析結果，都將與現實不符。即使是不值得稱頌的成績，首要任務仍在於正確輸入資訊。若能做到這一點，透過數據分析導出的銷售策略的準確性就會提高。

曾在人資部工作的前員工指出，「內部監核的涵義隨時代改變」。過去培育年輕員工的目的較強烈，但這十年來關注於如何維持組織整體的士氣。

內部稽核的對象是全體員工。在確認員工是否採取正確行動的稽核團隊面前，無分上司或下屬。在稽核訪談中，當員工被問到：「是否有在意、懷疑的地方？」時，也能夠提出「實際上，上司的這個數值很奇怪」的疑問。「若下屬感到『為什麼這個人可以升職？』，就會失去幹勁，因此內部稽核也是確保上司值得信賴的機制」（前員工）。

好幾位前業務員工都提到，「公司內部的機制是基於『性弱說』發展出來的」。性弱說既非性善說，也不是性惡說。他們指出，基恩斯的制度建立在人性軟弱的前提假設之上。

即使要「辨識出連客戶自身都尚未注意到的需求」，但對員工來說並不容易。無論基恩斯員工多麼優秀，他們仍然是人，有時必然會體會到自己的不完美或缺點。即使個人有這樣的弱點，但為了發揮組織優勢，可以怎麼做？基恩斯提出的解方，是將日常活動正確加以可視化，而確保這一切正確的便是內部稽核。

九〇年代就存在，培養管理者的「三百六十度考評」

基恩斯在將日常行動加以可視化上，展露出無可比擬的企圖心，對於培養管理階層也是如此。自九〇年代便已導入所謂「三百六十度考評」的受訪者說法來看，也可看出基恩斯的態度與立場。

三百六十度考評指的是，中階管理人員不僅接受上司的評量，也接受周圍同級員工與下屬的考評。目的多為調查周遭同事如何看待這位員工的行為，以及這些行為如何影響周遭，基恩斯稱為「多元評量」（multiple assessment）。

基恩斯導入多元評量制度，「是為了促進經理人管理技能的發展」（基恩斯）。從團隊成員的角度來評斷管理者，並回饋考評結果，目的在於藉由讓管理者了解自己的管理技能強項與課題，以協助他們提升管理技能。

基恩斯的制度本身及建立制度的目的與其他一般企業沒有太大區別，但其中最為突出的是基恩斯極早就導入制度。根據瑞可利管理資源公司（Recruit Management Solution，東京品川）在二〇二〇年進行的調查顯示，導入三百六十度評量的公司比例為三一・四%。而二〇〇七年的調查卻只有五・一%。由此可以很清楚看出早在一九九〇年代即已導入該制度的基恩斯究竟有多「早」。

在生產管理部擔任管理職的前員工回憶，「我當時認為這麼做並不稀奇，其他公司一定也有這種制度」。為了了解在業務或生產管理部門的員工如何看待管理者，他們被要求以特定格式填寫問卷。

其他前員工則提到「與其說完全將此納入人事評量中，倒不如說基恩斯在幫助管理者了解自己的立足點，並規範自己身為領導者的行為」。這與目前將日常行動加以可視化，並藉此增加附加價值的機制是相同的思考模式。

數位前員工指出「基恩斯總是在思考各式各樣的機制與改善方案」，並且建立了「若判斷制度沒效果，就乾脆放手的組織文化」。某位員工回想，「中田社長本人就提出了『好好判斷、確實放手』的口號」。

其他的前員工則表示「基恩斯建置了可以好好傳達放手比較好的機制」。每年一次員工有機會向公司提出自己的「發現」。在填寫的表格中，跟「新發現」相同，也有「該放手」的選項。員工提交表格後，可以查看意見後續是否被採納或否決。

無論打造出多好的機制，隨時間流逝、當社會情勢與技術趨勢產生變化時，機制可能變得不合時宜。對於活用機制、進行管理的公司而言，這是巨大的陷阱。

不是讓過去沿用至今的機制原封不動，而是邊考量本質，邊思考需要改善之處。若是按照現有機制窒礙難行，就要創造新制度。而且若試著推行後卻效果不彰，或機制已經不合時代就得放手。這也不是憑感覺，而是使用有根據的數字進行合理判斷。

與機制的相處之道也隱藏著基恩斯的優勢。

無個人申請表，不過問動機，掌握面試者的「本質」

基恩斯人資部經理齊藤雄介強調，「人才招募活動是公司永續發展的最重要課題」。基恩斯的人才招募活動也非常獨特，強烈地展現出公司文化。

基恩斯的招募選評過程以「很難準備」而聞名。首先，不用準備個人申請表（entry sheet, ES），也不問應徵動機，而且還不限學歷。一般的應徵者站在完全平等的起跑點上。

應徵的學生每年有四到五萬人，其中能夠被錄取進入基恩斯工作的僅有約兩百到三百人。

經營項目是學生不太熟悉的B2B產業，因此基恩斯的立場是「應徵者就職前不知道基恩斯是理所當然的」。針對平常沒有機會接觸的東西，勉強對方說些像「我喜歡這個商品」的漂亮話，對雙方而言都沒有意義。不如徹底掌握應徵者具有何種特質與可能性並加以配對，才能夠長久維持彼此之間的關係，這是基恩斯基本的思考邏輯，齊藤強調「希望探究應徵學生的本質」。

取代個人申請表與應徵動機所導入的是「二十秒ＰＲ」：應徵者挑戰在極短的二十秒鐘內自我宣傳，基恩斯判斷應徵者能否簡潔、有邏輯的說明自己的魅力。

而被學生稱為「棘手」的，則是在選評過程中的「說服面試」這一關；即基恩斯會給出任務「我不喜歡○○，但請說服我改變想法」。曾出現的主題包括「說服討厭書本的人開始讀書」「說服搭機派轉為電車派」等。

通過說服面試而進入基恩斯的前員工分析，「這應該是著眼於是否能夠傾聽對方的需求，並依據需求提出解決方案吧」。此處檢視的是，員工是否具備基恩斯在執行諮詢型業務的必要技能，即問出客戶本身尚未注意到的真正需求。

此外，還有「特質面試」。這種面試型態是基恩斯提出，例如「請舉出三個成功業務人員的共通特質」、「請舉出三個魅力型領導者的必要特質」等問題，以測試應徵者提出說明的速度與邏輯。

而在技術領域的人員招募上，則是運用專營競賽型程式設計的AtCoder公司（東京新宿）所營運的程式設計競賽網站來找人才。在二〇二二年十月由基恩斯所主辦的一場比賽中，清楚寫明了排名前一百名的人將獲得「二〇二四年工程師職務招募 應屆畢業生招募第一次面試豁免權」。若參賽者被認為特別優秀，基恩斯甚至會主動鼓勵他們參與人才招募。

更新面試官的判斷基準

業內人士指出基恩斯的獨特之處在於，為參與招募活動的員工提供教育訓練，「我認為花這麼多時間的公司很少見」。

一般而言，招募很可能被分配到業務部的人員時，多由業務部的管理職來負責面試。然而，銷售與開發人員雖是各自領域的專家，但並非選拔人才的專家。「選拔人才真的很困難」，正如一位前員工所說，面試官肩負重責大任。

因此，基恩斯會用影片記錄面試情況，並用於提升面試官的技能。面試官與人資會一起觀看影片，同時針對「何種人力資源可能有益於公司」「其他人是以何種觀點來看待人力資源」等著眼點，進行磋商。

基恩斯向來以能吸引卓越人才而聞名，然而由於業績急速擴展，似乎有愈來愈多菁英人才希望進入基恩斯工作。某位前員工分析，「過去被認為『好厲害』的人才，在今天可能被認為是極為普通的，因此面試官的判斷基準也必須年年更新」。創辦人瀧崎武光的訊息「不要成為化石」，也滲透到人才招募活動的細節之中。

實施多次「性向測驗」也可說是基恩斯人才招募活動的特徵。其中一次是做由基恩斯與外部單位共同發開的性向測驗「雙腳規」（Caliper）。這雖是「一次要價數萬日圓的高價測驗」（前員工），但無論是否錄取，測驗結果都會在最終面試時回饋給面試者。某位前員工被指出「你強烈渴望被欣賞、感謝，且不會心存懷疑，因此不太適合在證券公司任職。若造成對方損失，我認為你沒辦法道歉了事」，該名前員工笑道：「測驗結果相當準確啊！」

關於招募時實施的性向測驗，某位前員工表示「他們會將性向當成一種屬性登錄，並在全球活用」。因為能想像面試者不同的形象，像「能夠考慮對方狀況，並以溫柔方式進行說明的人」「能夠順著沒什麼關係的話題，一舉提出深入問題的人」，所以有人表示基恩斯可針對不同個人特性來挑選人才。某位員工則提到，「我覺得公司會考慮將什麼性格的人安排在哪個職務上，才能使專案順利進行」。

當我們向現職員工與前員工詢問，什麼樣的人會進到基恩斯時，許多人舉出「具有強烈責任感並享受壓力」「喜歡思考」這樣的人物形象。我原以為基恩斯員工多是活生生出現在現實中、為公司犧牲奉獻的「企業戰士」，但這個預想產生了劇烈的變化。我從訪談中接觸到數十位受訪者所得到的印象是，他們大多沉穩溫柔、正向思考且充滿自信，並且善於體恤、照顧他人。我想正因為他們具有責任感，所以會將客戶期待視為自己的問題，也會周到地照顧後進。

第 5 章

機制的源頭在於「人」

從八〇年代起便採取「無登門拜訪」和「無招待」

一九八三年秋天，當時二十四歲的大川和義坐在公園長椅上翻看轉職資訊雜誌，他的手停了下來。目光停留在寫著「沒有登門拜訪」與「沒有招待」的招募網頁上。正在招募的公司名稱是 Lead 電機，即基恩斯的前身。「原來有這樣的公司啊！」青年大川把雜誌拿在手上，前往 Lead 電機網頁所寫的公司說明會。這便是大川與基恩斯的第一次相遇，他後來在基恩斯擔任條碼讀取器等事業部的負責人與人資部的經理等職，並於二〇一九年退休。

青年大川在最初任職的公司擔任銷售在辦公室使用的電腦的工作，即「辦公電腦」的業務人員。辦公電腦的開發始於一九六〇年代，是為企業處理業務流程的電腦。這類型的商品風靡一時，直到九〇年代被個人電腦（ＰＣ）與通用伺服器所取代。當時日本電氣（ＮＥＣ）與三菱電機、東芝、富士通等廠商之間的銷售競爭激烈，是辦公電腦的戰國時代。

青年大川會看轉職資訊雜誌是有理由的。因為幾天前，上司突然對他說：「你不適合這份工作喔。」他應屆畢業就加入公司，工作第一年便獲得了業務部門的「新人獎」，因此工作能力應該沒問題。然而，他卻無法適應當時司空見慣的典型銷售風格：「登門拜訪」與「招待」。

只要是可能購買商品的公司客戶，不管在哪裡都得登門拜訪，每天揮汗工作、耗損鞋底。只要客戶稍微流露出對商品的興趣，業務不想去也得招待對方。上司其實只是看穿了大川的格格不入。

上司對青年大川說：「就算客戶跟你說『舔我的鞋尖，我就跟你買辦公電腦吧』，你也不會舔吧。」青年大川恨得牙癢癢地回答「我是絕對不會舔的」。大川想著「或許自己並不適合當業務」，而拿起轉職資訊雜誌發現的是Lead電機的徵才廣告。

下述人資部負責人在公司說明會中所說的話，讓青年大川懷疑自己是不是聽錯了。「Lead 電機認為，客戶與業務是站在對等的立場。但是，為了要讓客戶認為業務人員與其地位對等，我們要做出令客戶感到驚訝的問題解決型的提案銷售，這就是 Lead 電機跑業務的方式」。

在那之前大川任職的公司，都認為「客戶是神」，而且不論是大型企業或中小企業，就是靠著不斷重複登門拜訪的方式在銷售。Lead 電機對於業務工作全然不同的詮釋，顛覆了大川的常識。

「用現在的話來說就是『顧問型銷售』，但基恩斯在四十年前就這麼說了。這讓我大開眼界、茅塞頓開」大川如此回憶當時的情況。

成為一流的「醫生」

大川還記得，當時公司說明會上，人資部負責人接著繼續說：「例如各位感冒了，應該會去看醫生吧。當你去看醫生、接受問診，回答問題的同時，醫生給出『得了感冒』並開立處方箋。如果結帳時對方跟你說『診療費用兩千日圓』，各位會怎麼做？」

「你應該不會跟對方說：『醫生，能不能便宜個十塊、二十塊吧。』而是從錢包拿出兩千日圓，一邊道謝一邊付錢『謝謝醫生』。你應該連一塊錢的折扣都不會說出口吧」。青年大川聽完後覺得腦洞大開，衝擊很大。然後，人資部負責人又緊接著說明如下：

一流的醫生，為了拯救人命時時刻刻學習最新的醫療知識與技術，以提供病人最好的治療。Lead電機便是將這種業務類型當成目標。因此，若是想要從事如同過往般登門拜訪等揮汗、耗費體力的業務，或是透過接待等訴諸客戶情感使對方購買的人，請不要應徵Lead電機。如果對動腦的業務、持續學習不會感到厭煩的人，請直接留下來參加應徵考試。

「就是這裡了！」在接受應徵考試時，青年大川已經下定決心。大川回顧、表示：「Lead電機的業務工作以成為一流醫生為目標，這句話深深打動了我。」。當時若有客戶要求折扣，便會鄭重點頭表示「我知道了」，然後回到公司，拚命地與相關部門協調。對過往視之為業務常態的大川而言，Lead電機描繪的理想銷售願景極為新穎。

在二〇〇三年《Nikkei Business》的基恩斯特輯中，寫著某家大型零件製造商財務執行董事的這一段話，充分表現了基恩斯的客戶與業務的對等關係。

「我們的商品單價明明不到十日圓，但（生產）線上卻配備了如山如海多、價值數萬到數十萬日圓的基恩斯感測器與測量儀。我抱怨過為什麼要配這麼多昂貴的東西，但卻遭到公司反駁。公司為在一條數千萬日圓的生產線上，裝設價值數十萬日圓的測量儀，生產效率甚至會提高數倍，所以其實很便宜。仔細想想，我們應該向他們學習這種思考方式才對」。

「成為日本薪資最高的企業」

大川通過考試，於一九八四年一月進入 Lead 電機工作。第一天他在「恭喜你加入」的道賀聲中開始工作，卻立刻因創辦人瀧崎武光的個人面談而陡然大吃一驚。

「大川，從星期一早上起床開始到星期五晚上睡覺以前，請你專注思考工作的事情喔」，創辦人這麼對我說。

大川在前一份工作時，早上到公司後，大家閒聊「昨天巨人隊贏啦」等話題理所當然，但大川進基恩斯得到的第一個訊息卻並非如此，他們希望員工從起床後便思考

「在公司要這樣做事」，並期待員工做好準備。「我想著，什麼！但也因為這件事而留下深刻的印象」大川如此回憶。

順帶一提，到現在業界仍有「基恩斯禁止私下交談」的傳聞。然而，當我們實際造訪基恩斯的銷售辦事處時，發現員工間的溝通非常頻繁。這裡並非是沒人說話、充滿肅殺之氣的職場，只是基恩斯似乎長年貫徹「不需要談論對業務沒幫助的無益閒話」的思考方式，這似乎也導致了「禁止私下談話」的流言。

大川仍記得當時員工僅有八十人的職場光景。「營業額規模應該三十億日圓左右，也還是中小企業。當時社長瀧崎也跟員工們一起在辦公桌前並肩工作」。公司成立僅大約十年左右，「真的是一家新創企業啊」（大川）。

當年，在位於大阪府高槻市的總部大樓落成揭幕儀式上，瀧崎召集員工，談論了自己的夢想。

第一，我希望建立一家當員工被熟人詢問「你在哪裡工作」時，能夠自豪地遞出名片的公司。第二，我希望創建一家日本薪資最高的企業。為此，員工每個人的人均附加價值也要成為日本第一。

青年大川用非常年輕人的方式，重新詮釋這番話。

當時我二十七、八歲，常常跑聚會趴。我不清楚現在跑趴的狀況怎麼樣，但當時每個人都要自報公司名與姓名。因為我人在關西，當朋友們依序說出「我是松下的某某某」或「我是三菱的某某某」時，同座的女孩子都興奮起來。但輪到我的時候，一說出「我是Lead電機的大川」時，則現場一片寂靜。因此我想過，我也想要可以自豪地說「我是Lead電機的大川！」

現在基恩斯的薪資雖屬日本國內的頂級水準，但「在當時若與一流企業相比薪水仍然很低」大川回顧道。「當上市公司的朋友說『大川，要去喝一杯嗎』，我就會問『要去哪裡』，如果是貴一點的店，我就會拒絕說：『那一天我沒空！』（笑）。因此我也在想，公司一定要成為一家高薪企業」。

「公司的未來由你們員工決定」

瀧崎武光說完第二個夢想後，接著說：「這樣的公司是能夠繼續存在十年、二十年，又或是再過五年就會消失呢？所謂公司的將來，並非光靠經營者就能實現，公司的將來取決於現在在我眼前的各位員工接下來會設定什麼目標，以及大家的工作態度。」

青年大川十分驚訝，「當時我注意到『果然如此。我曾以為公司是由經營者建立的，但其實公司是由員工打造出來的啊』」。

周圍的年輕員工們應該人人都與青年大川有一樣的想法吧，感佩與認同之聲此起彼落。後來，員工們變得更加團結，雖然工作極為辛苦，但並非像被斯巴達式般強迫。「果然是員工把公司打造出來的，因此大家都會自發性的思考與努力。為了讓公司成為自己目標中的樣貌，員工自身應該以：『如果自己是老闆會怎麼做？』的方式思考，並盡全力工作」（大川）。

這應該也可稱之為「教練式引導」（coaching）吧。這是近年備受矚目、促進員工自發性行動的手法，瀧崎在近四十年前就已經在做一樣的事情了。

瀧崎絕非熱血類型的人物，生氣以外，講話都是淡淡的。從當時的小故事可浮現出瀧崎的形象，他深刻地理解員工的心理狀態，時時都在思考：「說出什麼話語，員工們會有何種感受？」「要讓員工有所體悟應該怎麼做才好？」

在基恩斯內部經常被重複提及的行動指南是「抱持著目標意識、目的意識與問題意識，並且時刻積極行動」，在瀧崎描繪夢想的一九八〇年代後半，這個行動指南就已經存在。大川回顧因為聽了創業者瀧崎的一番話，「對於這樣的行動方針產生了高度認同」。

在此數年後的一九九一年，基恩斯股價成為日本股王，瀧崎接受《Nikkei Business》的採訪時這麼表示，「我們公司付的是製造業中最頂級的薪水，剛過三十歲年薪可以達到一千萬日圓」。

即使如此，基恩斯仍然持續追求更高的目標。「然而，這並不意味基恩斯採用了特殊的薪資結構。為了吸引人才，工作的價值固然重要，但數字呈現的薪資待遇不好是行不通的。將來不僅是股價，希望連薪資水準也是日本第一」。「平均薪資超過兩千萬日圓」，這令周遭羨慕的基恩斯高薪背後，其實蘊含著創業者這樣的想法。

「非魅力型領導者」創辦人瀧崎的信念

基恩斯的前員工記得創辦人瀧崎武光在一九八〇年代說的這句話，「我不是魅力型領導者（克里斯瑪）」。從本書至今介紹的基恩斯的實際運作情況來看，讓眾多業務人員能夠提升業績的制度或保持高度積極的公司文化等，應該可以理解為「極力排除個人主義」的思考方式。這一點也適用在「企業高層」身上。

基恩斯的員工表示，「重要的不是誰說的，而是說了什麼」，如此扁平、無上下關係的思考方式深植在基恩斯每個角落，大家幾乎不會注意到彼此的年紀或職銜差異。

怎麼稱呼公司高層具有象徵意義，如同本書至今已數度提及的，在基恩斯把社長稱為「公司負責人」，這是為了明確化目的，即「所指稱的對象擔負何種責任的立場」，同時也不希望眾人抱持「職銜中的『長』＝最偉大的人」的印象。同樣地，擔任部長職務的人被稱為「部門負責人」，負責機種的人則被稱為「機種負責人」。

基恩斯創辦人瀧崎武光，攝於二〇〇三年（攝影：山田哲也）

瀧崎之所以不買單「魅力型領導」，是因為這麼做可能會妨礙公司創新。二〇〇〇年在接受《Nikkei Business》採訪時，他這麼說。

「提到魅力型領導時，給人全部決策都由領導者自己獨斷決定的印象吧。相反地，如果不授權、不溝通自己的想法，不與第一線一起思考的話，就得不出好點子」。為此，瀧崎表示「從創業以來，我就一直在思考如何讓公司在我不存在的狀況下也能運作」。

二〇〇〇年，他辭去社長一職擔任董事，因為他相信「就算我不在半年或一年，公司還是可以持續運作」。他也總是告訴其他管理職員工，「要確保組織沒有你也能運作」。

「成為靠數字一決勝負的企業家」

瀧崎的發想從何而來呢？在一九九一年《Nikkei Business》的採訪中，他談到了自己的創業經歷。

> 我想藉由商品改變世界。（中略）除此之外，我無意強調自己的任何理念或意識形態。理由在於，我還是高中生時，當時正是學生抗爭如火如荼的時代，我自己也曾帶領過學生運動。我因此深刻體會『意識形態終究是充滿一己好惡的世界』。以此為契機，我因此變成希望能成為以數字一決勝負的企業家。由於放棄意識形態是我的創業契機，因此我的理論是不要將意識形態帶到經營管理中，這樣公司營運會更加順利。

一家公司不需要思想的統一，它單純只是事業的集合體，接著瀧崎繼續說：「在企業家朋友的聚會上，也有人會主張『比起獲利更重要的是技術』，但這麼說的都稱不上是企業家。企業家的首要條件，就是有效率的運用總資產以提高獲利。無法提升獲利，代表只能交付員工低附加價值的工作，這是企業家最糟糕的事。」

瀧崎作為企業家，似乎也認為自己的個性比較適合在個人與公司之間劃出界線。「對我來說，只有創業二十到三十名員工的時期反倒困難管理。因為我不是會登高一呼說『跟我來』的類型，管理組織對我來說更為輕鬆」。

經營者「個人魅力」的存在感愈強烈，選擇繼任者就愈困難，這是世間常態。與基恩斯幾乎同時期的創辦人，例如創辦尼得科[5]（Nidec）的永守重信、創建軟體銀行集團（SoftBank Group）的孫正義，以及將迅銷[6]（Fast Retailing）打造為全日本最大服飾公司的柳井正。公司的高層愈是具有難以被取代的存在感，經營交棒就愈是困難。

瀧崎雖為創辦人，卻仍宣稱自己「不是魅力型領導人物」。在一九九一年的採訪中他也這麼表示。「許多企業創辦人經常說『公司就像自己的孩子』，但我個人完全沒有這種想法。我之前沒說過，不過早就決定了何時退休。我也無意讓兒子繼承公司。（中略）而是打算好好培養繼承人後，再將公司交給他」。

正如瀧崎預告的，他在二〇〇〇年將社長的位子交給了佐佐木道夫。其後，第三任社長山本晃則與第四任社長中田有則分別在二〇一〇年與二〇一九年就任。基恩斯前員工如此表示，社長之位大概每十年左右交替更換，但「公司文化已經傳承」。

經營高層更替，但公司文化仍能延續傳承的理由之一在於，「瀧崎並非培養單一繼任者，而是將決策過程加以結構化。打造出不論是誰在哪個職位上，都同樣能夠做出最佳決策的機制」，某位基恩斯前員工指出。

先前在本書提到的大川和義談到了基恩斯與其他公司的不同之處，「在許多公司，雖然員工加入公司時即被告知了公司的經營理念，但理念並未反映、體現在員工每日的一舉一動當中」「（若如同基恩斯一樣）落實在日常的行動中，員工就會發現自己碰到各種狀況時，都會回想『當時創辦人就是這樣說的』」（大川）。理念與行動只有伴隨不斷反覆的實際體驗，才能確立。

5 譯註：舊名日本電產，位於日本京都府的電機公司，在精密小型電動機的市占率為全球第一。
6 譯註：優衣庫（Uniqlo）母公司。

近年來，闡述企業為何存在的指南針「企業宗旨」（purpose）的重要性備受重視。基恩斯將員工的每日行為加以可視化，檢視員工行為是否符合目標，這似乎證明了基於企業宗旨的經營管理價值。反過來說，這同時也是警告「除非聯結行動與目的，否則企業宗旨就成了空談」。

嬌生公司也「不尋求個人魅力」

嬌生（Johnson & Johnson, J&J）也是與基恩斯同樣抱持「不尋求個人魅力」思考邏輯的大企業。顧問諮詢公司Maverick Japan的執行董事、至二〇〇一年為止擔任日本嬌生社長長達十三年的廣瀨光雄，在二〇二一年一月二十四日出刊的《Nikkei Business》中指出，「當魅力型領導在任時，績效可能提升，但當對方離任後，業績就會停滯不前」。

嬌生不追求個人魅力領導者，取而代之的是揭櫫經營理念，追求讓每位員工了解為何工作，這是嬌生長期以來穩定成長的基礎。

廣瀨提到關鍵在於「雖然也有些公司會揭示創業者名言、公司信念或座右銘，但重要的是將其訴諸為易於理解的文章。並在這基礎上，仔細監督員工是否確實實踐，並運用到經營管理上，且讓關係人看到成果」「若公司沒人努力將根本方針落實在經營管理上，也不知道該如何活用於經營管理上，這樣的做法是行不通的」（廣瀨）。

比較向企業提供工廠自動化感測器的基恩斯與製藥、日用品的大型企業嬌生兩家公司。若仔細觀察基恩斯，可以看出兩家性質相異公司的共通之處。瀧崎最初任職於外資企業的根源，也可能是產生他獨特管理風格背後的原因之一。

高中時做出決定，第三度創業掌握機會

我持續採訪基恩斯的過程中，順道去了一趟兵庫縣尼崎市。目的地是從ＪＲ尼崎站徒步約十分鐘的兵庫縣立尼崎工業高中。午後的校園操場上，學生們正在上體育課、打球。

尼崎地區可說是阪神工業地帶的核心。周圍林立野馬集團（Yanmar）、住友精密

工業、田熊（Takuma）等製造業公司的總部或工廠。學生們一邊親身感受製造業的氛圍，一邊勉力向學。在半個多世紀以前，基恩斯的創辦人瀧崎武光也曾是這所高中的學生。

一九四五年六月戰爭結束前夕，瀧崎生於兵庫縣。他似乎從孩提時代便對製作東西感興趣，在二〇〇三年的採訪中，他回顧自己的童年。

父親是上班族，在瀧崎小學六年級時帶他去參觀貿易展，他因此看到了許多機械。他去了住友金屬工業的和歌山製鐵廠，廠區規模之大甚至有公車行駛、穿梭其間，令他十分驚訝。他因此留意到眼前事物之所以存在，是為了建立並維持自己的生活。

我其實不太記得了，但小學同學告訴我，我好像在畢業紀念冊上寫下「下次見面時，我應該在做錄音機吧」。我想我大概從小就喜歡親手做東西。中學時，從朋友那裡湊了十日圓，向藥局阿姨買了鎂來做實驗。

進入高中並參與學生運動後，瀧崎便立志創業。

我進入工業高中，成為學生會與自治會的會長，並在尼崎市成立了包含女校在內的五校聯盟。（中略）那時學生運動十分興盛，我還被京都大學的學生叫去參加讀書會。（中略）思想終究仍是個人好惡的問題，我想自己還是比較適合開創事業。

尼崎工業高中目前有電子、機械等四個科系。學生們努力製造機器人、組裝電子機器與參加電氣工程實習，畢業後離巢進入川崎重工業或五十鈴汽車等公司工作。

「創辦基恩斯的瀧崎這麼了不起的人，是我們學校的畢業生喔」。畢業於同校的名人還包括搞笑藝人Downtown的松本人志，而創立日本國內屈指可數高收益企業基恩斯的瀧崎故事，至今仍為該校師生所津津樂道。

頂尖富豪心懷鄉里？

雖然並不廣為人知，但瀧崎是日本國內的首富之一。根據美國雜誌《富比士》（*Forbes*）二〇二四年發表的全球富豪排行榜顯示，瀧崎以淨資產二百三十一億美金，排名世界第八十七位，為日本國內第三名。迅銷集團的董事長兼社長柳井正及家族，以淨資產四百二十八億美金，排名全球第二十九位，為日本首富。順帶一提，日本首富第二名則為軟銀集團的董事長兼社長孫正義，以淨資產三百二十七億美金，占世界第五十一位。

瀧崎的家鄉關西怎麼看待這樣一位富豪？我們發現無論日本的關東或關西，許多經營者從管理第一線退休後都將精力放在財經活動上。前經營者們關注的話題是：「接下來的財經界人士會如何變化？」

然而，基恩斯瀧崎的名字卻根本未出現。我們問遍了大阪商工會議所與關西經濟連合會等財經團體，以及有地域關聯性的尼崎市與伊丹市的商工會議所，都得到冷淡的回應，「瀧崎既不是會員，也沒有接觸過，所以不知道」。

「瀧崎給人的印象很關心家鄉和員工啊」在基恩斯總公司附近經營咖啡館超過十五年的女老闆這麼說。「雖然我沒有見過（瀧崎）本人，但他曾說過要回饋大阪。（基恩斯）通知周遭近鄰，公司有自己的發電設備，若發生地震可以到他們的工廠避難。晚上之所以安排保全人員，也是為了讓女性可以安心走動」。

而關於基恩斯的員工，這位女士說「我聽說他們工作很辛苦，但跳脫印象，我覺得多數人都很親切、友善」。據稱在咖啡館經常上演基恩斯員工照顧看似正在找工作的學生。

第三度挑戰，豐田汽車提案成為轉機

一九六四年自尼崎工業高中畢業的瀧崎，進入外商控制設備製造廠工作，開始擔任打造流程控制系統的工程師。之後，他獨立創業成立了一家電子製造公司，但以失敗告終。接下來，他持續挑戰向製造商分包組裝，但也沒有成功。第三次創業成立的便是Lead電機這家公司。

瀧崎創業當時是二十七歲，主力商品是適用於電線製造商的「自動線材切斷機」。長年觀察基恩斯的岡三證券資深分析諸田利春師指出，「靠著最新電子控制裝置，基恩斯成功大幅縮小商品尺寸後，業務步上正軌」。隔年即一九七三年，基恩斯開發並開始銷售用於工廠自動化的各種感測器，這是能代表基恩斯的標誌性商品。

瀧崎公司向豐田汽車提出的提案是促始業務飛躍性成長的契機。一九七〇年代初期，豐田汽車正苦於因沖壓過程中板金多片疊送，導致昂貴的沖壓模具損壞的意外事故。得知此事的瀧崎，開發出能夠防範板金多片疊送的「金屬板多片疊送檢測器」，並向豐田汽車提案。豐田汽車的工廠在一九七四年導入運用磁性的感測器，同年瀧崎將Lead電機公司化。

此一成功不僅使Lead電機得以成長，同時也開創了延續至今的經營之道，即以「運用感測器，為客戶的工廠提供改善生產流程諮詢事業」為核心。同樣位於關西地區，還有透過打入豐田汽車輸送系統而擴大事業版圖的大福（Daifuku）。許多公司都因為向豐田汽車成功提案而發展壯大，基恩斯也是其中之一。

除了豐田汽車之外，日產汽車的工廠也採用了瀧崎自行開發、銷售的「金屬板多片疊送檢測器」。結果竟讓 Lead 電機在成立第二年便轉虧為盈。從這一年開始，瀧崎就展開了將營業利益的一部分回饋給員工的機制。岡三證券的諸田分析，「可以這樣思考瀧崎的『生產改善諮詢』與『高額報酬』的機制，從創業以來將近五十年都未曾改變」。

順帶一提，創業時期的「自動線材切斷機」也是營業利益率高達二〇%的高收益商品，但因收益低於營業利益率四〇%的感測器，所以於一九八二年退出生產。若在一般公司會因為是「創業商品」而受到珍惜，但在基恩斯卻是一台也不剩。一旦沒有任何流通商品需要售後服務，就不再與當前和未來的事業有任何關連了。此類商品會全部被丟棄，無一例外。

瀧崎在二〇〇三年接受採訪時曾提到「產出附加價值的是技術與科學，而非過去。（中略）基恩斯不需要過去」，基恩斯貫徹這樣的哲學。

而在決定退出生產自動線材切斷機的同時，基恩斯也挑戰了建立不依賴特定公司的經營模式。自一九八二至八三年，基恩斯決定縮減與某家製造商的交易規模，因其當時占基恩斯銷貨收入整體的二〇%。雖然目前基恩斯並未揭露九個事業部個別的銷售數據，但「各部門之間的規模差異並不大」（經營管理資訊室）。基恩斯為了降低結構性風險而不依賴特定商品或企業的思考方式，可以說也從過往一直延續至今。

如果能賺錢，那就「試試看」

雖然瀧崎自稱「不是魅力型領導者」，但也有前員工提到，「自己在前員工的飲酒聚會上，聽到他的名字還是會腎上腺素飆升，讓人想起任職基恩斯時代所受到的斥責和鼓勵」。

「當他怒斥『不要抱著雙臂聽別人說話』時，會讓人不禁想起你是我爸嗎？但如果他認同你說的話，又會氣量寬大地說『那就來試試看吧』」，曾任生產管理部長一職的前員工這麼回顧，這名前員工是在一九八二年進入基恩斯的。至當年為止Lead電機都是以招募有相關工作經驗的人來確保人力，而他是該公司招聘的第一批應屆畢業生，當年同樣應屆畢業進入公司的有六個人。

這名前員工進入公司後立刻被分發到生產管理部門，當時從檢查商品到包裝等出貨作業都由自己親力親為。檢查業務人員傳過來的資料也屬於出貨作業，委託運輸公司送貨也是日常工作的一部分。

他清楚記得進公司第二年，發生在自己二十四歲時的事情。因為Lead電機是沒有自家工廠的「無廠」企業，需要將生產外包給協力廠商，因此從早到晚都在與協力廠商協商與調整。隨著事業規模擴大，「這樣下去將無法妥善監督所有協力廠商」的危機感日益增強。

該名前員工直接向瀧崎談判：「如果試作後立刻外包量產，之後又要變更結果就糟糕了，在那之前可以先在自家工廠進行量產嗎？」並說明這樣做能夠降低成本。結果瀧崎回：「『你還年輕，再加上一個大你五歲的前輩試試看吧』，然後就讓我跟前輩一起放手做。」經此過程而成立的便是基恩斯工程（當時的公司名稱為「QRP」，名稱來自「quick response」之意），負責試做商品模型與部分量產工作。

前員工說：「我覺得這是一家可以提出各種建議，進而做出更多貢獻的公司。」「重要的不是誰說的，而是說了什麼」的公司文化，可能很大程度歸因於瀧崎一直以來的作風。

三得利的創辦人鳥井信治郎只要有機會便會說「那就試試看」。這樣的精神也由同樣發跡於關西地區的基恩斯所繼承。當然，這位前員工也永遠都不會忘記，瀧崎是這麼囑咐的「不過，不賺錢可是不行的喔」。

「獲得索尼高層的認可」

某位前員工提到一則讓人可以感受到瀧崎不服輸的軼事。一九九〇年代，在某次索尼（SONY）邀請商業夥伴的聚會上，瀧崎向當時索尼的高層打招呼並遞上名片，但當時對方好像想不起基恩斯這家公司名稱。瀧崎當時應該是感到十分懊惱吧，當他離開聚會後，對周圍的人說「我想打造一家會被索尼高層牢牢記住的一流公司」。

自此經過超過二十年以上的時間，基恩斯的市價總值超過十四兆日圓，而且是一家名實相符的高收益企業。若以二〇二四年九月十三日的收盤價計算，基恩斯的市價總值約為十六兆六百三十八億日圓，僅次於豐田汽車、三菱UFJ和索尼，排名日本第四。而且基恩斯的市價總值也曾一度，占第二位。

基恩斯在一九八七年十月於大阪證券交易所第二部上市，這是公司成立的第十三年。一九九〇年九月基恩斯在東京證券交易所第一部、大阪證券交易所第一部上市。一九九一年，基恩斯的股價超越因「紅白機」（Family Computer，Famicom）的爆炸性暢銷、股價長期為日本上市股票股王的任天堂，成為「股價日本第一」的公司而受到矚目。

不過，瀧崎當時的反應卻十分冷淡。在一九九一年接受採訪、被問及「股價日本第一」的話題時，他冷靜地回應，「由於股價取決於已發行股數，我逐漸了解到意義不大。不過從經營管理的角度來說，更重要的應該是股東權益報酬率（ROE）與每個員工的人均收益吧」。

即使正值泡沫經濟崩解期間，基恩斯的堅強實力也沒有絲毫變化。一九九一年採訪時剛好經濟前景不明朗，但瀧崎如此解釋基恩斯在商品領域的優勢，「當景氣繁榮時，採用我們感測器的工作機械與生產設備會更暢銷，連帶使我們的銷售額與利潤增加。而當景氣萎縮時，企業又會針對現有的生產設備進行合理化與改善作業，因此對感測器的需求並不會下降太多」「實情是企業至今因為太忙而無法好好照顧現有的生產設備。雖然業績會受到景氣影響，但不至於大幅下降」，瀧崎並未太在意景氣變化。

即使在雷曼兄弟金融危機與日本三一一大地震之後，基恩斯的業績也沒有大幅下滑。而在二〇二〇年開始的新冠肺炎疫情期間，由於全球性的設備投資縮減導致基恩斯的銷貨收入減少，但若與業界的減少幅度相較，基恩斯的下滑數字可說是微乎其微。針對基恩斯因應總體經濟景氣衰退的能力，岡三證券的諸田分析，「即使日本國內工作機械的訂單平均減少二〇％左右，基恩斯也有能力吸收這種程度的負面影響」。

今後全球應該也將會繼續投資於生產自動化，因此即使投資多少有所波動，但瀧崎與受其薰陶的員工們苦心打造的基恩斯事業與產生利潤的機制，看起來並沒有明顯的盲點。

第 6 章

藉海外市場與新業務領域，邁向下一階段成長

特斯拉主場，有賴美國駐外人員的奮鬥

「就像在超市現場辦的烤肉試吃活動一樣，技術業務人員會到工廠進行商品演示，客戶因此會忍不住下手購買」。

某位在美國的日系汽車零件製造商的經營者，熱情地談論基恩斯的銷售風格時表示：「跟基恩斯詢問『想檢查在製造過程中出現的這種傷痕』，業務人員立刻把可能的檢查設備儀器帶到工廠來演示，透過提供易於理解的解決方案來銷售商品。

曾參與海外事業的前員工眾口同聲，「基恩斯將在日本確立的銷售手法，直接移植到海外，並在當地生根」。從業人員的價值觀與企業客戶的需求可能會因國家而異，但為何日本的做法能夠適用在當地呢？在本章中，我們將探討基恩斯目前的成長動力引擎即海外業務，以及在新業務領域上所面臨的挑戰。

美國的特斯拉輕鬆超越豐田汽車與德國福斯汽車，二〇二〇年一躍成為全球市值最高的汽車公司。基恩斯的美國銷售辦事處之一位於加州舊金山，距離伊隆・馬斯克（Elon Musk）領軍的特斯拉費里蒙工廠（Tesla Fremont Factory）不遠。片山博登在該

辦事處工作，擔任專案銷售經理一職。

片山在二〇〇五年進入基恩斯，在日本累積了七年左右的業務經驗後，在中國負責銷售業務，並於二〇一九年被調往美國任職。他提到自己「已經離開日本十年左右了」。

片山的銷售業務涵蓋了舊金山周邊區域，工作是協調總部或業務據點在美國跨國企業的大型專案。客戶企業的產業類別包括：汽車、醫藥品、半導體與食品等分布廣泛，每天都十分忙碌。他分享自己親身體會到，「有更多機會聽到未來十年全球規模的專案等重要議題」。

在美國，對基恩斯生產的工廠自動化相關設備裝置的需求之高，前所未見，原因在於通貨膨脹所導致的薪資高漲。

基恩斯在海外基本上就是一家銷售公司。因此，將基恩斯的專業知識傳播到海外，就相當於在問：「能夠將日本的銷售手法與模式擴散到何種程度？」在美國，一般同類型公司是運用經銷商進行銷售，而像基恩斯這種直接向客戶銷售商品的「直銷」模式十分罕見。因此進入基恩斯的當地員工，會從零開始學習基恩斯式的銷售手法。

與日本相同的「角色扮演」與「重視演示」

正如第二章所見，基恩斯的業務有各式各樣挖掘客戶潛在需求，同時推動商務談判進行的機制。其中之一是「角色扮演」，與上司等人兩人一組，事先模擬如何與客戶展開商務會談。為了提高成交率而確認業務人員一舉一動的做法，類似於棒球「反覆打擊練習」的訓練手法，海外的銷售業務人員當然也這樣學習。

在舊金山工作的片山也指出了角色扮演的重要性。他提到「這並非工作十年的資深員工每天都會做的事」，但「為了讓新進員工接受跟在日本一樣的培訓、決定自己負責的區域，並且能夠與客戶對話，（角色扮演）也非常重要。它能夠補強成功進行業務談判所需的專業知識與經驗」。

在日本的基恩斯業務人員每週安排三到四天「外勤日」，外勤日每天需要安排五到十件的約訪，這樣的拜會數量被視為理所當然。然而在美國等幅員遼闊的國家，通勤時間難免較長，不可能如此頻繁地赴現場拜訪客戶。因此，在海外一次的實際會面中，能發揮多大的影響力與說服力十分重要。海外市場的商務談判中，對話與演示的重要性可能比在日本還高。

而且，在人們面前實際操作機器，並以易於理解的方式解釋實用性的商品演示，據某位前員工表示「現場的反應比在日本更熱烈」。

「就像在百貨公司讓客人試用化妝品一樣，如果只是紙上談兵，而不是透過肌膚實際體驗，無法直接傳達商品的優點」（董事山本寬明）。本章開頭介紹經營者的滿意之聲顯示，在日本執行的細緻銷售手法也正逐漸推廣到海外。

在海外對培育業務人員的重視程度也與日本相同。基恩斯在日本跑業務時，會由上司陪伴下屬「同行」以提供支援，在美國也同樣這樣執行。即使在新冠肺炎疫情肆虐期間，也以只有管理者線上參與、其他人員實體會面等變化型式持續進行。

在日本，業務人員會在拜訪客戶的前後填寫「外報」，在海外也有類似的機制。事前與上司確認：出於何種目的拜訪客戶、預計如何進行商務談判，拜訪客戶後也要回顧成果。填寫外報的方式雖然因國家而異，但即使在海外，仔細報告資訊這一點仍維持不變。

這種細緻的管理手法在海外也意外受到歡迎。片山提到「原本大家也都略有耳聞基恩斯是一家怎麼樣的公司才想加入的。由於公司會持續提供半年扎實的員工訓練與支援，因此當地員工正面評價『很體貼』，若有業績成果也會開心地前來報告」。

也同樣重視工作要聯結目的與行動

當然，外派主管在與當地雇用的夥伴們建立信賴關係之前是十分辛苦的。「不論在中國或美國，大家看的都不是日本員工在日本基恩斯曾經多麼活躍。而是在中國就看在中國的表現，『這個人，業務能力到底有多強？』在美國就看在美國的表現，因此我們需要更加努力」（片山）。

而且，為了讓「基恩斯主義」滲透進海外分公司，外派主管必備的技能是「能否確實有效溝通」（片山）。若同為日本人或許能靠感覺行事，但在海外就行不通了。因此明確傳達目的，確實獲得對方認同「如果這樣做會得到此種效果」，非常重要。依據情況不同，由自己率先行動示範給對方看，摸索嘗試與當地員工溝通最適合的方法。在這一點上，基恩斯將行動可視化並提供回饋的手法，對於海外員工而言似乎也很容易理解。

「不可思議！」片山記得某位美國汽車生產設備商的採購客戶曾經如此歡呼。由於對方與基恩斯幾乎沒有過商業往來，已有心理準備可能要等待數月訂購的商品才能交貨。當片山一告知對方當天就能出貨時，客戶似乎打從心底感到驚訝。因為客戶若錯過向汽車製造商交付設備的期限，可能因違約而導致高達數億日圓的罰款，因此能夠當日出貨的價值極其巨大。

基恩斯的海外知名度仍有成長空間，「在美國西岸，即使當地員工在電話中重複三遍公司名稱該怎麼拼，還是有客戶搞不清楚」，片山苦笑道。然而，「一旦客戶購買了一次基恩斯的商品，經常會對商品的實力印象深刻並表達：『雖然是不認識的品牌，但品質很好，之後也會考慮你們其他的商品』」。

片山的工作也包含接總部位於美國海外辦事處的訂單，「若只單純介紹商品，我們會被拒於門外，因此能夠盡可能提出具體建議方案並獲得具體回饋非常重要。仔細聆聽對方說的話，以基恩斯主張的共同理念一決勝負」，片山展現出高昂的鬥志。

海外市場仍有發展，海外銷貨收入占比將超過七成

我們來看看基恩斯海外業務目前的狀況。二〇二三年度該公司的銷貨收入為九千六百七十二億日圓，較前期增加四・九％；海外銷貨收入則占其中的六四・三％。日本市場的銷貨收入比前期降一％，海外銷貨收入則比前期增加八・四％。從海外銷售占總體比率逐漸提高亦可看出，海外業務的成長率較高。

二〇二三年度海外銷售額的地區別占比分別為：美國二七・四％、中國二二・九％，歐洲與亞洲等其他地區為四九・七％。

針對海外業務，中田有社長在二〇二二年四月召開的記者會中提到「原本海外業務（的成長空間）便遠大於日本市場。當日本國內外經濟皆進入景氣復甦階段時，海外的業績成長很正常」。

此外，中田社長還提到，即使在新冠肺炎疫情期間，海外事業依舊透過招募與培訓來強化業務機制，「關鍵在於兩方面，一是強化銷售團隊，二是培訓。由於聘用了

許多年輕人，必須讓他們成為公司的堅強戰力」。中田社長也指出，在半導體短缺期間，「（客戶）無法導入其他公司的部分商品，這一點成為我們的優勢」。7

而實際上，基恩斯的海外人員增加了多少？在二〇二四年三月底，基恩斯擁有一萬兩千兩百八十六名員工，其中基恩斯母公司員工是三千零四十二人，子公司員工為九千二百四十四人。基恩斯雖然在日本國內擁有負責修理與製造業務的基恩斯工程，與主責軟體開發的基恩斯軟體（Keyence Software，位於大阪市）等子公司，但我們可以將大部分子公司員工視為海外銷售人員。

綜觀自二〇一四年三月底開始算起的八年期間，子公司員工人數以平均年增率一五・九％的速度成長。增加幅度遠大於母公司的員工人數平均年增率的三・一％。

不過，比較子公司員工人數的增幅和海外業務的銷售額成長率顯得較為緩慢。截至二〇一四年度為止海外銷貨收入穩定成長，但自二〇一五年度起成長腳步趨緩。這在一定程度上是因在這個階段，日本國內業務表現強勁，海外業務相對顯得疲軟，但

7 編按：二〇二三年財報顯示，日本市場對設備投資的態度較為慎重，因此基恩斯從新商品的投入和業務體制的充實來努力；海外市場方面，歐美的設備投資仍穩定成長，但亞洲景氣較弱，因此從人才聘用、養成為中心，努力強化業務制度來努力。

圖表 6-1 海外占比提升超過 6 成：基恩斯海外銷貨收入占比趨勢

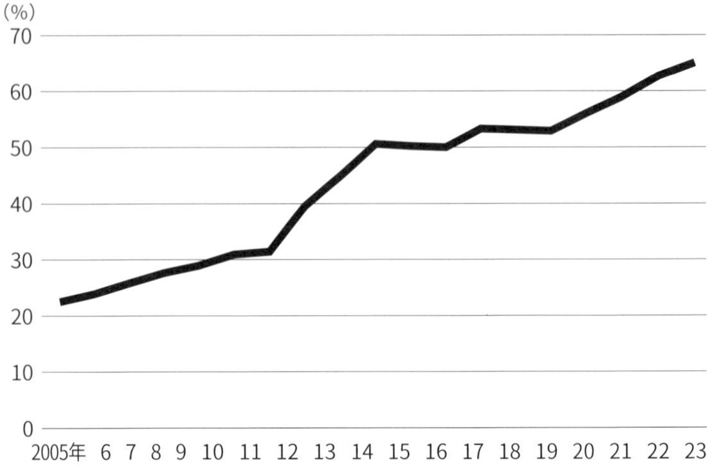

這似乎也顯示出中田社長所稱「海外仍有成長空間」。若海外業務人員的培訓養成有所進展，跑業務能如同在日本般順利的話，岡三證券的資深分析員諸田利春指出，「海外業務人員的人均銷售額增加，或許能讓海外事業的銷售額進一步提升」。從實際數字也證明，基恩斯從二〇二二年開始，首度海外銷貨收入占比突破六成，二〇二二年是六二%，二〇二三年是六四・三%。

在經營機器人與工廠自動化機器設備的企業中，有許多公司的海外銷貨收入占比較高。例如，業界中海外銷貨收入占比最高的企業之一的發那科（FANUC）比率超過八成；安川電機則占七成左右。基恩斯目前該比率約為六成，但諸田認為「與其他公司相較仍有成長空間，提升至超過七成亦不足為奇」。

田中社長在二〇二二年二月接受《Nikkei Business》採訪時，也提到了這一點。「目前現狀是海外銷貨收入約占六〇%左右。若考慮製造業的全球市場，事實上並非四〇%的製造工廠都在日本吧。由於日本的工廠生產總額（占全球）甚至不到一〇%，我認為我們的商品確實在海外市場仍有成長空間」。中田社長表示，雖然公司並未設定海外銷貨收入占比的目標，但「我認為上升到七〇%，或先以此為目標在往上提升很自然」。

歐洲展示會上萬頭攢動

事實上，基恩斯的海外影響力似乎正逐漸提升，也有負責銷售業務的前員工如此表示，「自七年前左右開始，我實際感覺到，基恩斯在海外客戶間的品牌知名度顯著提升的場面增加。我交換名片時大家的反應不一樣了」。

某位機器人業界關係人士表示，「這幾年基恩斯在影像感測器市場的全球市占率正在提升」。調查指出在將感測器與工業機器人搭配、能進行位置偵測與檢查的「機器視覺」（Robot Vision）領域中，基恩斯二〇二〇年的市占率（數量基礎）超過兩成。僅次於位居日本首位、市占率將近三成的美國康耐視（Cognex），基恩斯排名第二，其後則是發那科、精工愛普生（Seiko Epson）與歐姆龍等企業。競爭對手也認同，基恩斯的商品品質「在這個領域基恩斯雖是後起之秀，但靠著易於使用的商品贏得市占率」。

「基恩斯展位前寫著『有庫存』，而且展位前萬頭攢動」。在半導體供應短缺的時期，某位參加在歐洲舉辦展示會的工廠自動化業界關係人士如此表示。

基恩斯在日本國內自創業期便開始實踐的「當日出貨」。即使在海外市場也沒有改變此一方針。每個當地子公司皆設有倉庫，存放經手商品的庫存。雖然訂單時間條件等細節的規則各不相同，但基本原則都是在接到訂單的當天出貨。

例如在北美與南美，基恩斯也已建立起全數商品當天出貨的制度。物流基地與日本做法相同，備有齊全的庫存，從感測器的金屬零件等小型商品，到顯微鏡或雷射雕刻機等大型商品皆可當日出貨。若屬美國中部時區只要在下午四點前，墨西哥則是只要在下午兩點前完成訂購，皆能夠當日出貨。為了要支持當日出貨，該如何維持庫存、在哪個時間點下達生產指令，正是當地子公司與生產管理部門展露智慧之處。

基恩斯的當日出貨不僅讓客戶不用自己保留備品庫存，而且在如半導體短缺等供應不穩定的時期，仍可維持交貨順暢。世界各地企業都因感受到當日出貨的價值，而被基恩斯吸引。

在行李箱中打包展示機種，每天行軍一城市

某位前員工回顧，基恩斯的「銷貨收入應該一半來自日本國內，一半來自海外」。創辦人瀧崎武光自幾乎沒有任何海外銷售額的一九八〇年代中期起，便向員工這麼說。繼任瀧崎的歷代社長也都致力於擴張海外業務，目前海外銷售額占整體比率已超過六成。全球銷售網絡目前已遍布四十六個國家、兩百五十個據點。

基恩斯在一九八五年最初成立海外子公司。當時成立的美國子公司名稱為「KEYENCE CORPORATION OF AMERICA」，而日本母公司的名稱仍為「Lead 電

機」，因此美國子公司先一步在商標上使用「基恩斯」之名。

此時位於基恩斯開拓海外業務第一線的，是至二〇一五年退休前都任職於基恩斯的前員工藤田孝。他目前為全球人才培育公司 Insight Academy（東京、港區）的顧問。藤田回顧表示，「任職於基恩斯時，我們就是想著以海外市場銷售額達到總體五成為目標，在開拓銷售通路的」。

藤田是在Lead電機創立第八年、銷貨收入規模在十五億日圓前後時，轉職進公司的。歷經三年日本國內的業務磨練後，一九八五年積極參與開拓北美最大市場的專案。其後則被派駐歐洲，開發當地客戶。回日本後，自一九八九年起擔任基恩斯海外事業部部長，負責在全球建構基恩斯的銷售網絡。在二〇一五年、滿六十歲時屆齡退休前，藤田一直都是基恩斯海外事業發展的推手。

稀奇的「演示」

在一九八〇年代中期，藤田以美國加州洛杉磯為工作基地。當時的辦公室是多家企業進駐的單層建築，從辦公室出發前往拜訪客戶時，藤田總是帶著一只新秀麗

（Samsonite）行李箱，裡面裝著基恩斯商品的展示機種。

「基恩斯的銷售風格會因科技發展變化而有部分改變，但基本原則幾乎不變」，藤田一邊回顧當時狀況，一邊這麼說。

從加入公司開始，Lead電機便有「客戶卡」，上面留下與客戶的聯絡歷史紀錄，直接與客戶接觸。再來就是演示銷售，這並非當時主流、以商品目錄說明的銷售手法，而是將個別商品帶到客戶面前，業務人員在操作商品的同時，解釋商品的特徵與功能。

藤田記得在正式跨足北美市場前一年的測試行銷期間做的客戶拜訪活動，目的地是與半導體基板安裝相關設備的製造商。由於這是進軍北美的重要機會，基恩斯的創辦人瀧崎也一同前往。

代表製造商接待瀧崎與藤田的是叫馬克的年輕美國工程師，當時看起來與藤田年紀相仿。當基恩斯打出「免費試用」（FREE TRAIL）廣告時，馬克聯繫了基恩斯。

「當時日本被稱為『經濟動物』，總是出口、透過向海外輸出廉價商品獲利，那個時期日本經常被批評」「我們的做法在美國行得通嗎？」藤田對此感到不安，匆忙結束自我介紹後，便拿出感測器商品開始演示。然後，馬克提出了「想配合基板上的孔洞位置，以提升定位準確度」的需求。當藤田向他們展示如何使用實際的機器解決問題時，對方驚訝地睜大了眼睛，並且高興地說：「太好了！」

藤田回顧：「直接進行演示的做法很稀奇，而客戶喜歡這種能在現場解決困擾、實際展示解決方案的做法。」當時藤田還不能說流利的英語，「大概是英檢二級左右的程度，就算去拜訪客戶也根本無法溝通，感到很挫折」，然而技術本身是全世界通用的。當時由於日圓疲軟，基恩斯比競爭對手更具價格優勢，美國人的開放心態也幫助很大。

經過一年的測試行銷，「客戶的反應比預期更好，我堅信基恩斯即使在美國銷售也能暢銷無阻」（藤田），馬克後來也持續購買基恩斯的商品。

「為什麼非得隨身攜帶？」

帶著這樣的印象，基恩斯進入了北美市場，真正的辛苦是從實際在當地擴張銷售網的階段開始的，積極的藤田擔負的第一項任務是在洛杉磯設立一個小型辦公室。

當時的基恩斯真的名不見經傳，說是進軍美國，但其實資本額不過約一千萬日圓而已，更無法聘用足夠的業務人員。因此，最初五年左右並未採用基恩斯具代表性的「直銷」，而是在各州的主要地點設立稱為「銷售代表」的代理商，將基恩斯的做法直接傳授給代理商。

訓練代理商且一同去拜訪客戶——「一日一都市」。基恩斯的每日生活就是將這樣的銷售手法傳播到美國各地，且不斷重複。

當然這絕非易事。在把展示目錄銷售當成常態的時代裡，以業務人員的角度而言，實際展示機器進行銷售很麻煩。當地的業務人員經常厭惡地表示：「為什麼要大費周章地隨身攜帶演示機？」有時會碰上銷售以外的困難，例如員工在人生地不熟的狀況下跑業務，或是進入治安不佳的區域而感到危險等。大家回到公寓之後已筋疲力盡了。業務人員只能自我激勵，持續挑戰開拓當地業務。

藉由這些源於現場的努力累積，結果「在這五年間，能夠強烈地確定提案型的銷售與即時交貨的有效性」（藤田）。讓藤田特別印象深刻的是，基恩斯商品的優良品質。客戶一旦購買並認同基恩斯，他們就會再度回購。為了找出客戶的潛在需求，在海外也採取了與日本國內相同的銷售手法。

從銷售代理店轉換為成立當地子公司是發生在一九九〇年代。成立當地子公司，便可直接雇用業務人員並組織團隊，但此處的重點是「如何讓團隊理解基恩斯的思維方式、理念與行為準則」。

為了讓業務人員落實花了不少工夫。「與日本不同，我們在建立團隊的過程中遭遇困難。為了避免個人主義化，在當地確實建立穩固的業務組織機制不可或缺」（藤田）。

數位改革突破「海外比率三成的障礙」

藤田指出，基恩斯大幅提升海外事業的契機在於，「二〇〇八年左右，在海外據點導入了ＳＦＡ」。

諸如二〇〇一年成立了中國子公司，基恩斯開拓亞洲市場始於二〇〇〇年代初期。然而，海外銷售額占比卻「持續好一段時間都難以突破『三成障礙』」（藤田）。

基恩斯強烈感受到有必要整合總公司與海外子公司的營運。至此海外子公司也使用SFA，但在個別國家的運作模式仍各自為政。日本無法看到海外的狀況，反之亦然。

自二〇〇〇年以來，不僅日本，歐美等國也加速在中國與東協國家（ASEAN）設置工廠，在亞洲投資設備的意願高漲。基恩斯公司內部也認為「應該更進一步強化我們的海外事業」，因而決心致力於提升基恩斯在全球的「知名度」。統合基恩斯在各國原本沒有統一的系統，建立包含「感測器事業部」在內的日本國內各事業部與海外子公司之間的順暢溝通管道。這串聯了日本和海外的資訊，讓基恩斯可以在全球範圍推動更為細節的銷售策略。

「現在基恩斯在海外也整備了系統，能夠累積聯結商務談判的關鍵因素知識、縝密分析其與成交訂單之間的因果關係」（藤田）。運用外報記錄每天與客戶的往來，並與上司分享，這一點不論是在日本國內或海外都沒有改變。此外，與日本相同，在海外也須填寫商討動機、拜訪目的、客戶的關鍵人物、是否進入客戶的工作現場、最終訂單是否成立等多項資訊，以累積相關知識。毫無疑問地，基恩斯將在日本建立的手法原汁原味地移植到世界其他地方。

不僅海外據點的經理與業務人員能夠詳細分析訂單結果與行動的因果關係，日本國內的業務人員與商品負責人員也可以接收到豐富的海外市場資訊。大家更容易評估針對海外市場的商品企畫、開發與銷售策略。

例如，進軍海外市場的日本企業母工廠位於日本，而關鍵人員轉調至海外的情況。相關轉調人員的資訊會被發送給海外子公司的負責人手上，以便他們能夠無縫接軌地跟進客戶。此種資訊共享之所以能夠在基恩斯內部順利執行，應該也得益於此一完善系統。

另一方面，在ＳＦＡ整建後基恩斯仍遭遇困難，這是因為在不同的國家或地區，有負責人反對將所有行動加以可視化的管理方式。他們認為「客戶是自己的」，試圖將資訊抓在自己手中，厭惡將詳細資料輸入ＳＦＡ的作業程序。

此時藤田向當地從業人員明確傳達，「共有業績是公司資產」。即使特定的個人取得了銷售佳績，也不一定會為公司整體帶來銷售佳績。基恩斯重視會連動到公司整體業績的行動，藤田鍥而不捨地強調在基恩斯「對公司的『貢獻度』會反映在個人薪資上，鍵入與分享的資訊愈詳盡，最終得益將愈多」。

基恩斯的業務系統在海外還發揮了意想不到的功能，就是因應人員異動的業務交接。若能事前鉅細靡遺地徹底記錄在ＳＦＡ中，即使前手轉換工作，接任成員也能密切地跟進客戶。在海外，由於工作人員的流動性高於日本，這項功能的價值大幅躍升。

「不需要明星」，提升平均水準的一般打者

時間是一九八〇年代中期，某位基恩斯前員工負責銷售因成績佳而趾高氣昂，卻被上司業務部長如此喝斥：「你認為自己好就好，對吧。這裡不需要超級明星。若是你這樣想，最好還是辭職吧。Lead電機是憑藉大家的力量、團隊的力量獲勝的！」

此種基恩斯傳統的思維方式也反映在海外事業上。負責推動海外事業的藤田談到，「比起擁有出色的全壘打打者，我們更希望擁有平均打擊能力的穩定打者陣容。在提升平均值的同時能強化團隊陣容，這就是基恩斯銷售團隊的基本思考邏輯」。

在歐美的子公司建立基恩斯風格的銷售運作模式時，基恩斯經常關注中間階層業務人員的反應，若劈頭就給還無法採取適當行動的員工「每天至少拜訪五家客戶」的

目標，可能會招致負面反應如「日本人搞不清楚當地狀況就提出要求」等。

此時基恩斯要找的是能夠採取適切行動的中間層銷售人員，而非業績最好的業務人員。這也代表另一層涵義「因為在同樣職場的這個人能夠做到，我只要努力一點也做得到」「總之我們在海外的團隊管理上，一直以來也實踐提高平均能力的做法」（藤田）。

基恩斯持續透過建立各式運作機制來消除個人主義，這一點在海外子公司的營運管理上也毫無例外。藤田與歐美的團隊成員們自二〇一三前後開始，致力於打造出能夠將海外子公司的營運加以可視化的系統。

基恩斯會定期向海外子公司的派駐人員或經理發送有關子公司企業文化的調查問卷。若屬於管理、人資或資訊技術（IT）等部門，問卷中會羅列諸如：「公司的經營管理理念是否已深植於組織？」「會計制度是否已確實建立？」「是否理解庫存管理的規則？」等問題。若是業務部門，則會有「是否徹底執行SFA的資料輸入」等的問題，請國外員工針對這些項目以五等級的量表評分。

此外，日本的海外稽核人員也會定期監督海外子公司。若稽核人員的評鑑結果與海外子公司的自我評鑑結果之間產生顯著差異，會要求子公司討論此落差，並提出改善方案。藤田表示「從實務與組織文化兩面向來檢視公司的日常營運，目的是希望在還是『有小漏洞』的階段就發現異常，以避免演變為重大問題」。

從「破大樓」搬入「開瓶器大樓」，中國市場突飛猛進

對於基恩斯而言，另一個與美國同等重要的海外市場則是中國。二〇二一年度中國的銷貨收入金額為一千兩百八十五億日圓，較前期增加四九％，占合併銷貨收入的一七％。二〇〇一年基恩斯進軍中國市場，雖然較進入美國市場晚了約十五年，但後來中國已經超越美國，曾成為基恩斯最大的海外市場。

「當初我被派任至上海時，辦公室大樓的沖水馬桶還無法運作」，一位有中國外派經驗的前員工如此回憶。二〇一〇年代中期這位前員工身在中國，「整體環境當然還沒有日本那麼發達」。然而，基恩斯對於中國業務的成長抱持高度期待，第三任社長山本晃甚至曾親自到中國激勵工作人員：「這個月的銷售額如何？」「應該可以成

長一一〇%吧」。

這位前員工提到，曾「『當天出貨』在當地也廣受好評」。當其他公司的回應程度是「若有貨品便會發送出貨給您」時，基恩斯細緻的處理方式更為獨一無二：「我們將以自〇〇出發的航班空運至上海，預定在這一天抵達貴公司，貨物抵達時請確認」，並且「深受客戶歡迎」，該名前員工表示。

中國子公司的銷售業務機制也幾乎承襲日本基恩斯的做法，外報「雖然（不似日本）以分鐘為單位填寫，但也差不多以五分鐘為單位」，甚至有專門負責協助輸入SFA的人員，徹底將實績可視化。

在歐美，許多公司採取將表現出色的當地員工當成「模範」，但在中國則是以日本員工為榜樣，要求當地員工參考他們的工作方式。「當我在中國努力工作時，當地員工會對我說『日本武士（samurai）你太厲害啦』」這位前員工笑著說。

基恩斯將道地的日本做法帶入中國，在當地建構起顧問式銷售業務的模式。充分利用發展成為「世界工廠」中國的成長優勢，基恩斯在中國的銷售額穩定提升。從二〇二二、二〇二三年會計年度的數字看來，中國製造業在新冠肺炎後已回到成長軌道，但二〇二三年中國內部經濟一蹶不振，因此呈現負成長。

基恩斯在上海的營業據點，位於大樓外觀形似開瓶器的地標建築物裡。這棟摩天大樓是「上海環球金融中心」，通稱為「開瓶器大樓」，是由日本森大廈（Mori Building Company）主導開發、共一百零一層樓、高四百九十二公尺。從過去「破舊不堪的大樓」搬遷到國內外主要銀行、證券交易所與貿易公司雲集的商業區，這反映出基恩斯在中國的穩步發展。

連羅森也感興趣下訂的軟體，資料分析是下一個金礦

京都中央信用金庫（京都市）在京都府內外設有一百三十多家分行。他們每天從各分行收集大量的客戶交易資料，依據客戶的年齡與年收入分類，並顯示出客戶的行為履歷，例如誰領取了多少金額的存款，以及客戶會在何種時機點前來諮詢貸款。

此中央信用金庫採取此種數據分析方式，在二〇二一年開始啟動「瞄準客戶」（targeting）計畫，希望識別日常交易與投資信託銷售或融資契約之間的相關趨勢。他

們使用的就是基恩斯的資料分析軟體「K1系列」（K1 series）。

傳統上相關銷售業務常仰賴「直覺與經驗」，諸如「存款很多，應該會購買投資信託商品吧」「二十多歲至三十多歲的客戶更有可能註冊網路銀行」等。然而此種銷售效率低落，無法解釋因果關係的案例也不勝枚舉。

「有沒有什麼軟體可以把這些資料轉化為有效的資訊？」二〇二〇年夏天，信用金庫銷售促進部的成員正在評估這個想法時，剛好收到一封信。寄件人正是基恩斯，信用金庫與基恩斯並未曾有特別的業務往來，也不認識基恩斯的銷售人員。金庫員工滿心疑問地閱讀來信，發現原來是一封K1的推銷信。

主要大型資訊技術供應商像日立製作所和日本優利系統（Unisys，現更名為BIPROGY）等也提出了建議方案。然而，信用金庫銷售促進部的部長松本吉弘表示，「即使是不熟悉機械學習的業務承辦人也可以分析數據，並且會有專任的數據科學家齊心合力提供協助，能以訂閱制（subscription）購買則是選擇K1的關鍵因素」。此外，因為是由信用金庫的業務負責人親自進行資料分析，資料不用傳送到外部伺服器。從安全性上而言，也可說K1與其他軟體之間的勝負已定。

投資信託的合約數量急速增加

利用機器學習的K1進行分析後，發現「投資信託合約成交率較高的客戶，持有三十九萬日圓以上的定期存款，而且在一定期間內的平均交易額在十三萬日元以上」等的客戶特徵。一千五百名銷售團隊仰賴這些數據，精確拜訪客戶並贏得合約。雖然不能說這完全是數據帶來的效果，但投資信託等商品的銷售數量和金額，較二〇二〇年增加了數個到十數個百分點。

基恩斯的特色在K1中也發揮得淋漓盡致。專屬的分析負責人會拜訪每個分行，從零開始指導如何進行資料分析。該信用金庫部長松本微笑道，「基恩斯跟進協助到了近乎執著的程度。由於是訂閱制，所以我們可在不擔心價格的狀況下，進行數據分析」。而負責實際分析工作的主任二階堂圭，過去雖然沒有接觸過AI，但現在則肩負「數據科學家」的重責大任。

「我們不想要其他軟體，基恩斯是我們唯一的選擇」。IT解決方案總部的專案推動部長石田岡彥透露，羅森（Lawson）在二〇二一年導入K1，理由與京都中央信用金庫類似，「因為我們需要易於日常使用的數據分析軟體，任何人都可以使用，就像Excel一樣」（石田）。

羅森在日本全國約有一萬四千六百四十三家店鋪，每家店鋪裡從自動找零機到可以預購商品與票券的終端機「Loppi」等，大約設置了二十種不同的機器。若機器故障將會直接造成銷售額的機會損失，因此為了保持所有設備正常運作，必須提前掌握故障徵兆。

K1雀屏中選。羅森收集各種資訊並應用於機器學習，包括：客服中心員工應對故障的文字記錄，到POS（銷售點資訊系統）的每日銷售數據，以及各種終端機的剩餘電池電量等，希望找出較常發生故障的店鋪或時間帶等特徵，並藉此進行改善。

例如，發現定期向總部訂購維護自動找零機用的除塵棉花棒的店鋪較少故障。部長石田表示：「若能從巨量的資料中，找出某些意料之外的相關性，便能夠降低維護管理成本。與POS相同，我希望能夠拓展數據驅動（data driven）的實務領域」。

從試錯誕生的軟體

京都中央信用金庫與羅森為何會捨棄實績豐富的ＩＴ供應商，轉而選擇後起之秀，甚至是ＩＴ門外漢基恩斯的軟體呢？理由不光是基恩斯的軟體易於處理資料與可採用訂閱制而已。最重要的理由是因為，「這是基恩斯為了解決自身的銷售業務課題，在活用資料上透過不斷試錯而產生的軟體」（羅森）。這代表什麼意思呢？

基恩斯過去也是依賴員工腳踏實地收集來的數據，進行銷售業務。利用交叉分析等簡單的分析手法，得出「在電子業界，若向生產技術的課長層級進行銷售，則訂單成交機率高」等資訊，藉此縮小目標範圍。

然而，時序進入二〇〇〇年，當客戶能夠從網路獲得資訊，基恩斯也被迫必須調整接觸客戶的手法。因為，僅憑從客戶身上得到的數據，便能預測與判斷購買基準非常困難。

因此，基恩斯著眼於濃縮客戶的興趣與行為模式的交易數據，完整地收集包含：潛在客戶瀏覽了哪些網站、參加了哪些研討會，以何種頻率購買了什麼商品等的歷史紀錄。期待領先一步找出客戶可能感興趣的事物，藉此提高訂單的成交機率。

不過，基恩斯缺乏數據分析所需的專業知識。最初他們仰賴外部顧問，但後來發現盡是耗費大家的時間與成本。即使外部顧問產出了分析結果，但過去一路採取非數位方式與客戶建立信賴關係且拿出業績表現的業務人員，卻對分析結果不屑一顧。聘請專業的數據科學家時則收到大量需求，陷於無法內部自行處理的窘境。

親身體會了草創艱辛的基恩斯，在歷經反覆試錯後找出的答案，是獨立開發出三C白痴也能順利上手的軟體，重點在於提出「處方箋」。因為這樣才容易辨別：「發生了什麼事？為什麼會發生？」然而希望靠過去累積的資料，預測「接下來會發生什麼事，該如何處理」非常困難。KI對此會自動生成應該預想的下一步該怎麼辦，例如若想防止因網購導致的客戶流失，KI會以會員點數的餘額與客戶何時購買何種品項等的歷史紀錄為基礎，瞄準可能流失的客戶，導出促銷或折扣方案的處方箋。

業務人員原本認為活用數據很麻煩，但對此種處方箋表達正面考評，因為此軟體讓他們能夠掌握「累積數據、運用數據、活絡銷售」的循環（數據分析事業組的經理柘植朋紘）。

基恩斯自二〇一九年開始對外銷售Ｋ１，客戶名單不乏中外製藥、ＳＭＢＣ日興證券等多家大型企業。提到基恩斯往往會讓人聯想到很老土的銷售手法，但其基礎是縝密的數據策略。而且，基恩斯不私藏專業知識技術，而是對外出售，這也充分展現了基恩斯的野心。對於既有的ＩＴ供應商而言，可說是出現了一個難纏的競爭對手。

第 7 章

「基恩斯主義」的傳道者

佳思騰的變革，在軟體公司導入基恩斯風格

以文字處理機（word processor）「一太郎」與日語輸入系統「ATOK」獨領一時風騷的日本軟體老字號企業「佳思騰」（JustSystems）急速成長。截至二〇二一年度的五年間，佳思騰的銷貨收入成長超過一倍、營業利益則成長超過兩倍。

或許有人聽到佳思騰是基恩斯的關聯企業時，會感到驚訝。佳思騰擺脫持續虧損的艱困經營局面，並實現再度成長的故事中，隨處可見基恩斯風格的經營管理。

「打造出『一太郎』的佳思騰 基恩斯出資 取得四四％股權」（《日本經濟新聞》）。各家報紙以這樣的標題，傳達了基恩斯總額四十五億日圓的投資決策。而在佳思騰總部所在地德島，這件事登上了德島當地報紙《德島新聞》的頭版。基恩斯以第三方配額有償增資的方式，持有佳思騰約四四％的已發行股數，成為最大股東。

目前擔任MetaMoJi（東京、港區）社長的浮川和宣，在一九七九年於德島成立佳思騰，搭上電腦風潮、擴大事業版圖。一九九七年佳思騰的股票上櫃。

然而，在美國微軟（Microsoft）的軟體攻陷市占率等的影響下，公司業績不振，

自二〇〇五年度起持續處於虧損狀態。在公布增資案的同時，佳思騰也下修了二〇〇八年度的合併業績財務預測數字，將原先預測為獲利九千一百萬日圓的營業損益，調降為十一億三千五百萬日圓的赤字，而七億日圓赤字的當期損益則更進一步惡化為十九億日圓。佳思騰企圖藉增資來消除因業績不振導致的資金短缺，強化財務基礎。

當時的報導說明，「基恩斯高度評價佳思騰的技術能力與開發能力，因此接洽尋求合作，雙方正討論合作的可能性」。出資之後，基恩斯將關灘恭太郎（於二〇一六年就任佳思騰社長）等人派往佳思騰擔任董事。

在成為基恩斯的權益法考評關聯公司超過十年之後，佳思騰在關灘社長的帶領下，表現持續優異。業績的推動力為自二〇一二年開始銷售的「微笑研究會」，這是一套針對小學生提供的雲端函授教育課程，這項服務結合了專用平板裝置與教材軟體。後於二〇一三年推出中學生版、二〇一八年推出幼兒版，以及在時機成熟的狀態下，於二〇二一年推出高中生版，這些都支持佳思騰的營業額與利益繼續擴大。

重視發掘需求

自從基恩斯入主、投資以來，佳思騰發生了哪些變化？

第一個變化是企畫商品的方式。關灘在接受《Nikkei Business》的採訪時，提到「公司過去雖然在軟體開發上具有優異的技術力，但非常工程師導向，我認為若能改變商品企畫的方式會更好」。過去部分商品忽略了客戶需求，純粹是基於技術導向而打造。分析指出在商品企畫時，並未考慮客戶的真正需求。

雖然製造電子設備的基恩斯與設計軟體的佳思騰的產業大不同，但以客戶導向來進行商品企畫的理念應該可以通用。關灘就任掌管商品企畫的董事，著手進行改革。他致力於轉換員工在挖掘需求與問題上，花更多時間「洞察」。

在日本軟體公司常見的委託開發案中，企業會把時間花在尋找解決方案上，為了打造出符合客戶期望的系統。相較於此，佳思騰希望更為重視發掘潛在需求的思考邏輯。這個想法類似於基恩斯的業務與商品企畫人員，不斷尋找「需求背後需求」的模式。實際上，在佳思騰有部分商品企畫專案在經過八到九個月的調查後，決定放棄。

微笑研究會便是在此種思考邏輯下誕生的。佳思騰先前曾於一九九九年推出針對學校使用的文字處理機軟體「一太郎微笑」，因而打進教育市場，不過這個商品是以如教育委員會等法人單位為銷售對象。

而在二〇一一年實施的《課程修訂綱要》中，加強了英語學習的分量，佳思騰從新課綱提出的「脫離寬鬆教育」中發現了需求，這也成為商品開發的契機。顯然，學習量增加對在家學習產生了影響。因此，佳思騰安排機會聽取孩子及家長的意見，確實仔細分析了「如果是電玩，孩子們就會持續玩下去。為什麼在家學習時，使用反覆練習等方式，孩子卻無法持續集中注意力？」

孩子們在家學習時，若碰上不懂的地方就會一邊問家長一邊解題。這時當然會使用紙張和鉛筆，也是由家長來確認答案是否正確。函授教育雖是透過郵寄，但在送出作業、接受訂正為止，相關過程都需要家長協助。由於女性就業率提高，家長尤其是母親的教養負擔隨之加重。

佳思騰由此洞察出的方案是提供平板。平板只要一開機，畫面便會顯示「今天任務」，就算孩子們碰上不懂的問題，也會給他們提示，讓他們能夠繼續學習。且建立了能夠自動對答案，向家長發送電子郵件，即時分享孩子進度的機制。「你很用功喔」，家長可以透過智慧型手機與孩子溝通交流。設定只要好好讀書，就可以玩三十分鐘APP應用程式的獎勵。也會收集孩子操作過程中哪裡出錯、哪裡花了比較多時間等數據，活用、反映於學習計畫中。

若是現在，有倍樂生集團的「進研討論會」或Z會（Z-KAI）等競品服務，但當時連「平板學習」這個詞語都還不存在。小學生課業中的漢字聽寫練習必不可少，但使用當時通用的平板電腦在書寫漢字時，有觸碰式螢幕對手部動作過度反應的問題。出於成本考量，有人認為應該使用通用平板電腦，但佳思騰視回應客戶需求為最優先要務，因此獨家開發了學習用平板。佳思騰以此開創了全新領域，即創造了日本國內首創的平板函授教材。這與號稱「獨步全球、業界首創占比七成」的基恩斯商品企畫有共通之處。

訂閱制成為優勢

佳思騰的第二個變化是強化「直接銷售」與「訂閱制」。ATOK與一太郎過去是在家電量販店作為套裝軟體販售，這導致他們很難即時掌握客戶的使用現況。為此，佳思騰強化了直營電子商務交易（EC）網站，並將重心放在可以追蹤客戶動向的直接銷售中心。目前，多數針對個人用戶販賣的商品皆以直接銷售售出。

關灘主張佳思騰業績提升的理由是，「開發了以微笑研究會為首的訂閱制商品群，帶動業績巨幅成長」。ATOK與一太郎等過去的主力商品屬於授權賣斷模式，無法產生持續性收益。從公司的合併業績來看，訂閱制等「經常性收入模式的業務」占整體銷貨收入的比例，僅占二〇一一年度總銷售額一百二十九億日圓的八%。而該比例在二〇一六年度總銷售額一百九十四億日圓中占三〇%，在二〇二一年度的總銷售額四百一十七億日圓中則占了七五%。

佳思騰的第三個變化，則是始於二〇一〇年的人事薪酬制度變更。佳思騰體認到「建立起讓每位員工都能持續改變與成長的環境和制度至關重要」，因此改採將一定比例的營業利益當成獎金回饋給員工的制度。佳思騰的員工平均年薪在二〇一〇年度約六百五十八萬日圓，至二〇二一年度則為一千三百零九萬日圓，增加了約一倍。這顯示類似基恩斯將企業成長回饋給員工、實現高薪的循環，正在成形。

而佳思騰在人事考評上也導入「經常性模式」的概念，這是基於整體業務已轉變為以訂閱制為重心。進行每季季度回顧時，佳思騰不僅會看當期即時的業績和銷售數字，也會檢視之前達成的成績在本期有多少延續與積累，這是考核人員時會納入考量的因素。

由於這些變革，佳思騰在二〇二一年度的營業利益為一百七十二億日圓，當期淨利達到一百二十二億日圓，創下歷史最高收益紀錄。營業利益率四一％，這在軟體企業中也屬於相當高的水準。自基恩斯二〇〇九年投資入主佳思騰以來，股價已上漲十餘倍。基恩斯迄今為止最大的投資案，光是在增加資產價值這點上便可堪稱成功。

致力於佳思騰改革的關灘，多次呼籲員工打造由員工自行提出想法、自我改善的組織文化。「若你遵循別人的指示，即使事情進展順利，你也會忘記自己為什麼這樣做，以及自己的目的是什麼」（關灘）。關灘總是持續宣揚，「我們必須主動提出想法與解決方案」。

前員工陸續創業，基恩斯DNA開枝散葉

基恩斯的前員工們，也同樣在擴展他們在基恩斯學到的理念與管理技術。為製造業提供線上影片與電子商務平台的Apérza（橫濱）社長石原誠強調，「我在基恩斯學到，整合製造和銷售、一體運作的重要性」。

石原當時在基恩斯服務的單位是二〇〇一年創設的子公司，即處理B2B行銷網站「IPROS」（東京、港），他是團隊成員之一。當時，石原與基恩斯內的數位有志者一起執行專案，口號是「讓我們推出製造業版的雅虎」。IPROS現已發展為網站，針對超過一百五十萬名會員，提供六萬家以上公司的商品廣告、目錄與圖面資料。

石原回顧道，「瀧崎（指基恩斯的創業者瀧崎武光）或許留意到網路的發展，所以也對不侷限於製造業或製造商等領域發展的IPROS寄予厚望」。然而，基恩斯在成立IPROS時，自身營業利益率已約四成，這已是令人驚訝的水準。因此在本業生龍活虎的狀況下，要取得令瀧崎滿意的業績極其困難。

現在回想起來，當時網路還處於起步階段。基恩斯身處製造業，並非每個人都熟

悉網路業務。然而令人驚訝的是，瀧崎卻曾無數次直指IPROS業務的核心，提問「這個部分怎麼了」。在每月一次的會議上，石原受瀧崎激勵、鼓舞，IPROS得以迅速由赤字轉為獲利，並打平過去長期的虧損。「雖然公司的規模小巧，但我們仍以基恩斯的方式在追求利潤」石原表示。

而IPROS成立的初衷則是希望不要站在基恩斯子公司的立場上，而是建立一個更為中立的網站。Apérza展開事業的起點，是直接面對「技術工作者七〇％的設計時間都花在尋找零件上」的業界問題，從中建立可以跨製造商、收集商品目錄的下載網站。

石原在Apérza期待達成的目標是希望特別提高中小型製造業與專門領域貿易公司的業務活動效率性。「基恩斯在顧問銷售業務上之所以能夠成功，應該要歸功於公司有可以累積專業知識與提供支援的內部系統」，石原談到了支援業務人員系統的重要性。

石原特別重視基恩斯透過直接銷售實現的「製造、銷售一體」的價值。熟悉商品的業務人員會在與客戶進行顧問銷售的過程中，探索對方需求背後的需求。在企畫與商品開發的歷程中參考這些資訊，並開發能最大限度為客戶提供附加價值的商品，這就是高獲利率的來源。

然而，日本許多中小型製造業甚至沒有足夠的人力來建構直接銷售機制。若真是如此，是否可以利用數位科技的力量，打造出類似業務人員進行直接銷售的環境？抱持這種想法，石原在二〇一六年創立了Apérza，持續挑戰實現夢想。

「基恩斯是一家過去幾十年來持續創造成功方程式的公司。我並沒有將這些方程式祕而不傳，而是覺得若能活用於促進日本發展的話，會很開心，而且基恩斯的畢業生們若能夠發揮這樣的角色，是我的夙願」，石原說完笑了起來。

因客戶的滿腹狐疑而創業

「你們明明是同一家公司，我們採購同一樣材料，為什麼只是工廠與人員的不同，價格就有差異呢？」二〇一八年創立A1A的松原脩平社長決定獨立創業，以解決他在基恩斯擔任業務人員時，在客戶端遇到的上述問題。因此，他針對製造業採購人員推出了支援報價的雲端服務。

任職於基恩斯時，松原主要以靜岡縣浜松市為中心發展，向汽車業等製造業銷售感測器。在拜訪客戶的過程中，松原感到客戶採購部門的組織結構過於垂直，少有資訊流通共享。即使是相同的材料或加工合約，也可能因部門或地域不同而造成條件有所差異。「由於我身在將資訊共享視為理所當然的基恩斯，因此感到非常驚訝」松原表示。

即使有電子下單系統，但多數企業客戶沒有可以詳細分析採購狀況的系統。因此他經常看見企業客戶儘管在製造現場追求微米級單位的精確品質差異，但由於沒有共享資訊而墊高了成本，實在得不償失。松原創業後推出的「RFQ雲」（RFQ Cloud）是支援企業購買／採購部門審核繁瑣的報價評估作業的服務，服務特徵在於易於掌握價格的妥適性。

松原之所以會提出促進採購部門資訊共享服務的想法，也是受到自身成功經驗的啟發。他表示「在向客戶介紹商品的使用案例時，若能知道其他地區的案例，將能增加自己的說服力，也能提高訂單成交的機率。透過資訊共享機制，就像『全體基恩斯』（All Keyence）一起並肩作戰」。

每天在基恩斯進行的角色扮演固然令人印象深刻，不過在松原腦海中揮之不去的，是到職公司一、兩年時，上司反覆耳提面命提到的這句話：「你要假想自己是客戶」。「一開始我光說不練，想理性的解釋、說服客戶，但上司立刻就看穿了這一點。至今我仍然清楚記得上司告訴我，要徹底思考什麼才能取悅客戶」（松原）。這一次，松原將奮力用自家公司的服務，取悅客戶。

併購與創業都適用

「基恩斯風格適用於企業養成、資訊共享與考評方式等各種面向」，併購資訊顧問公司（東京、港區）的執行長（CEO）松榮遙如此表示。出身基恩斯，有併購仲介經驗的松榮，與在二〇一九年曾在中國基恩斯工作的營運長（COO）依田真輔等四人共同創業。

他們持續採用在基恩斯時代認定的好做法。例如，為了做好拜會客戶的事前準備而活用「外報」，提前進行情境模擬。在每天早上的會議中，也會向員工灌輸「重要的是不陷於被動，而是積極主動為自己發聲」的觀念。並將基恩斯時代的經驗活用在種種細節上，像成功簽訂契約時分享相關經驗，以及對業績數字優異的人給予「具體的稱讚」等。而在人資考核上，也依據商業談判次數等五項量化的行動指標，為員工提供誘因。依田表示「增加與客戶接觸頻率的機制極為重要，我們也想打造出基恩斯風格的機制」。

Blueprint Founders（東京、港）執行長竹內將高，正嘗試將基恩斯的所學運用於商業諮詢創業上。竹內高舉「將創業標準化」的目標，熱情地表示「透過將創業的成功方程式模組化的『新創企業工廠』，把更多高附加價值企業帶到這個世界」。

最理想的狀況是懷抱創業的種子，同基恩斯般透過穩扎穩打的日常行動來打造「確實獲利的事業」。竹內充滿信心地說「我們正在逐漸確立某種行為模式，只要重複執行何種工作多少次就能達成商業化」，且他補充說明，「我期待的不是『PayPal 黑幫』（PayPal Mafia），而是『基恩斯黑幫』時代早日到來」。

了解團隊的重要性

Snowpeak Business Solutions（愛知縣岡崎市）的社長村瀨亮，過往也曾是基恩斯的業務人員。他在一九八九年二十六歲時加入基恩斯，在公司從事業務與商品企畫工作，共計十年。

村瀨之所以會創立目前 Snowpeak Busines Solutions 前身的ＩＴ公司，理由純屬偶然。當他仍任職於基恩斯的條碼讀取器事業部時，基恩斯並未供應庫存管理等相關軟體。某一次，客戶提出希望基恩斯能夠提供軟體的要求，村瀨試著尋找能夠滿足客戶需求的軟體公司，但得到的回覆都是高達數千萬日圓的報價，這並非是能夠附加在價格數十萬日圓的條碼讀取器裝置上的金額。

為了要最大化客戶價值，該怎麼做才好？村瀨的因應之道是找熟人開發簡單的軟體。結果該軟體比預期更受客戶好評，他從而得知這有廣大的需求。村瀨認為「這也有益於基恩斯」，於是成立了一家公司來開發可與基恩斯條碼讀取器搭配使用的系統。

創業後對村瀨有所幫助的是，任職於基恩斯期間、在沒有特別留意下實施的「團隊建立」（team building），包含每天的角色扮演、共享多樣性指標等。在基恩斯，為了取得更好的團隊成果，而非為了個人成績，主管會與下屬一同擬定策略。為了引發下屬的鬥志，有時也會下工夫設計讓團隊可以像遊戲般樂於工作。結果村瀨對於在基恩斯曾打造出充滿活力且堅持「求勝」的團隊感到自豪。

創業後，他也活用了這些經驗。「當有良好的人際關係基礎，抱持著『大家必須共同努力執行工作』的心情時，團隊就能確實運作。假如團隊不是被強迫，而是打從心裡熱衷於成就某件事的話，這樣會產生不僅是相加、而是相乘的力量」（村瀨）。

Snowpeak Business Solutions 提供的服務之一，是辦理在山野、海邊等戶外自然環境中的培訓事業。前身公司會帶上整套露營設備進行戶外研習營，這屬於團隊建立的一部分，員工對此給予高度考評，這是村瀨發展成經營項目的契機。村瀨注意到露營潛藏的可能性，而與 Snowpeak 的現任董事兼社長山井太志趣相投。兩人在二〇一六年共同出資成立了 Snowpeak Business Solutions 公司。

源於基恩斯的經驗，村瀨認為「為了組織成長，建立成員間可以密切溝通的機制非常重要」。對此，他自己的獨特解方是舉辦獨特的研習，讓員工圍著營火，「在會議室大家或許會吵架，但我可從未聽說過有人去露營還吵架的」。時至今日，村瀨仍持續宣揚培養成員之間良好關係的重要性。

基恩斯經手商業用途的高端商品，如應用在工廠自動化的感測器等。為了實現在上述領域所需的價值創造，基恩斯不斷持續打磨機制，員工因此能完成必要的工作並創造令人難以置信的高獲利。

然而，這並不意味著「只有基恩斯能夠做到這種程度」。即使無法做到完全相同的事情，但基恩斯的機制與哲學也能夠應用在其他許多領域，而先鋒部隊便是這些擁有基恩斯工作經驗的「傳道者」們。在這些企業中，或許會出現下一個高收益公司。

結語

「我太普通了，應該沒什麼採訪價值吧」。

某位基恩斯前員工這麼說，笑了起來。這發生在我聽完他的故事、謝謝他抽出時間接受採訪之際的對話。

確實，當我詢問基恩斯有關的工作方法或機制時，他們並未做任何嶄新非凡的事情。「外報」「角色扮演」「需求卡」「內部稽核」……。或許有讀者會認為「我的公司也有相同的機制啊」。

然而，也有讓人感到「絕不普通」的部分。基恩斯一旦建立了某項機制，便會認真實施，使其真正發揮作用。這與其他公司相比，可說是「失之毫釐，差之千里」。一言以蔽之，就是基恩斯毫不鬆手地貫策此點，而且每個人都這樣做。

當我分享自己的感想時，那位前員工同意「沒錯沒錯，就是這樣啊」。基恩斯的現職員工與前員工經常表達自己「理所當然地做著理所當然的事」，而且他們對這個

「理所當然」的設定程度與徹底執行的程度很高。

為什麼基恩斯的員工能貫徹應該做的事？當然，原因之一在於基恩斯是由一群能夠以高水準執行工作的優秀員工所組成，但不僅如此。正如本書所介紹的，基恩斯的機制是奠基於「性弱說」，即「人們有時會粗心，也會想要便宜行事」。正因為如此，所以基恩斯將員工的行為全部公開透明化，同時陳列好壞數據。這是為了讓員工不要混水摸魚，而且能確實執行應該做的事。

若想像這種狀況，或許會令人感到窒息。然而基恩斯的人們卻很開朗，似乎也樂在工作，從基恩斯畢業的前員工們也一樣。這可能是因為基恩斯讓員工必須這麼做的理由是透明且令人信服的。若有很多人認同這麼做會帶來正面的好結果，他們自然會為此而採取更多行動。

「就算和基恩斯做一樣的事情，也不會成為基恩斯」，數位前員工都提到這一點。而在本書的〈前言〉中，我卻提到「我希望出現更多像基恩斯這樣的高獲利企業」，或許有讀者會覺得這不是前後矛盾嗎？確實，基恩斯之所以能有今天的成就，是因為自成立五十年以來一直堅持相同的經營理念。

重要的是，我們該模仿其中哪些部分。在本書挑戰「剖析」基恩斯後所發現的「直接銷售」「當天出貨」與「將營業利益的一定比例，以獎金的形式回饋給員工」等手段，都不過只是部分面向。基恩斯經營管理的精髓，似乎在於進行適當的目標設定、將其徹底可視化，並在所有情況下皆據此執行高頻繁的改善。

大家不要流於表面複製基恩斯的機制，而應該去模仿機制內建的「理念」。正如基恩斯重視「需求背後的需求」一樣，我們也應該關注那些未形諸於言語表達的本質部分。就如同基恩斯旗下的關聯公司佳思騰為了取得急速發展般，每家公司都有潛力重生為如同基恩斯般的高獲利公司。

基恩斯以不書寫官方「公司史」而聞名。因此，我個人寫作這本書的主題之一就是「（當然是我個人的任意妄為）書寫一部非官方的公司發展史」。雖然我的原意是收集熟知過去的基恩斯前員工的受訪資料，並忠實地反映在本書中，但這也僅只是曾參與過基恩斯的一小部分人而已。本書內容與基恩斯公司內部留存的官方紀錄之間可能存在一些差異。若各位讀者能寬宏大量地接受這是「從作者視角出發的基恩斯形象」的話，我將不勝感激。

協助《Nikkei Business》二〇二二年二月二十一日出刊的特輯〈剖析基恩斯 培育人才的最強經營管理〉所採訪的人，包括：基恩斯現職員工、管理團隊和企業客戶，以及贊同我「希望讓更多人了解基恩斯的運作機制」的想法，而接受採訪的前員工與現任員工。本書是在總計數十多位受訪者的協力合作下完成的，我僅向所有付出寶貴時間的受訪者，表達最深切的謝意。

我還要再次感謝《Nikkei Business》的同事們，在特輯採訪與編輯上的協助。本書也收錄了由上阪欣史與中山玲子兩位同事所採訪的資料。

此外，如果沒有碰到那些向我這個搞不清楚狀況的記者、傳授製造業樂趣與困難的大家，或許這本書就不會誕生了。即使我只是稍微回想，也會大量湧現出願意讓我參觀的工作現場畫面或願意分享熱情想法的記憶。這些累積引發了我對基恩斯的興趣，並且激發我發揮想像力來完成本書。

製造業是支撐日本的產業這一點不言可喻，但也有人指出日本的製造業正發展空洞化、競爭力低落。本書在探討其他公司與實現日本企業罕見高額利潤的基恩斯之間的差異究竟為何，如果藉此能夠為日本製造業多少提振些士氣的話，將是我莫大的喜悅。

二〇二二年十二月

西岡杏

基恩斯的高附加價值經營——卓越管理篇

作者	西岡杏
譯者	方瑜
商周集團執行長	郭奕伶
商業周刊出版部	
總監	林雲
責任編輯	林亞萱
封面設計	萬勝安
內頁排版	陳姿秀
出版發行	城邦文化事業股份有限公司 商業周刊
地址	115台北市南港區昆陽街16號6樓 電話：(02) 2505-6789　傳真：(02) 2503-6399
讀者服務專線	(02) 2510-8888
商周集團網站服務信箱	mailbox@bwnet.com.tw
劃撥帳號	50003033
戶名	英屬蓋曼群島商家庭傳媒股份有限公司城邦分公司
網站	www.businessweekly.com.tw
香港發行所	香港發行所 城邦（香港）出版集團有限公司 香港灣仔駱克道193號東超商業中心1樓
電話	(852) 2508-6231　傳真：(852) 2578-9337
E-mail	hkcite@biznetvigator.com
製版印刷	中原造像股份有限公司
總經銷	聯合發行股份有限公司　電話：(02) 2917-8022
初版1刷	2024年10月
定價	380元
ISBN	978-626-7492-45-1（平裝）
EISBN	9786267492390（EPUB）／9786267492383（PDF）

KEYENCE KAIBO SAIKYO KIGYO NO MECHANISM written by Nishioka Anne
Copyright © 2022 by Nikkei Business Publications, Inc. All rights reserved.
Originally published in Japan by Nikkei Business Publications, Inc.
Traditional Chinese translation rights arranged with Nikkei Business Publications. Inc. through AMANN CO., LTD.
Traditional Chinese translation published in 2024 by Business Weekley, a division of Cite Publishing Ltd.
ALL RIGHTS RESERVED

國家圖書館出版品預行編目(CIP)資料

基恩斯的高附加價值經營——卓越管理篇：日本新首富法管理世界頂級企業的原則；方瑜譯. -- 初版. -- 臺北市：城邦文化事業股份有限公司商業周刊, 2024.10
面；　公分
ISBN 978-626-7492-45-1(平裝)
1.CST: 企業管理 2.CST: 企業經營
494　　113012055

金商道

The positive thinker sees the invisible, feels the intangible, and achieves the impossible.

惟正向思考者，能察於未見，感於無形，達於人所不能。 —— 佚名